# 永远别放弃
## 做个有趣的人

莫主编 —- 著

天津出版传媒集团

天津人民出版社

**图书在版编目（CIP）数据**

　　永远别放弃做个有趣的人 / 莫主编著. −− 天津：
天津人民出版社, 2016.12（2019.5重印）
　　ISBN 978−7−201−11159−9

　　Ⅰ.①永… Ⅱ.①莫… Ⅲ.①成功心理−青年读物
Ⅳ.①B848.4−49

　　中国版本图书馆CIP数据核字(2016)第295287号

## 永远别放弃做个有趣的人
YONGYUAN BIE FANGQI ZUOGE YOUQU DE REN

| | |
|---|---|
| 出　　版 | 天津人民出版社 |
| 出 版 人 | 刘　庆 |
| 地　　址 | 天津市和平区西康路35号康岳大厦 |
| 邮政编码 | 300051 |
| 邮购电话 | （022）23332469 |
| 网　　址 | http://www.tjrmcbs.com |
| 电子邮箱 | tjrmcbs@126.com |
| 责任编辑 | 陈　烨 |
| 策划编辑 | 王　猛 |
| 装帧设计 | 小　武 |
| 制版印刷 | 天津旭非印刷有限公司 |
| 经　　销 | 新华书店 |
| 开　　本 | 900×1270毫米　1/32 |
| 印　　张 | 9 |
| 字　　数 | 135千字 |
| 版次印次 | 2016年12月第1版　2019年5月第4次印刷 |
| 定　　价 | 36.00元 |

## 序：有趣，是你一辈子的才情

多年不见的同学小冰来福州出差，我们约在一个咖啡厅见面，从大学时期的糗事笑料，聊到工作中的花边新闻，又聊到结婚后的家长里短。临别时，她突然说："老莫，我感觉你变了很多，变得越来越有趣了！"

原本以为，她会说我不再幼稚、不再偏激、不再武断，变得成熟稳重了，甚至是变成了她喜欢的样子，唯独没有想过，她会用"有趣"这个词形容我。

我问小冰："为什么会有这样的感觉？"

小冰说："多年不见不觉得生疏，想说的可以娓娓道来，不想听的可以无缝过渡，这就是有趣。"

这让我想起了周先生。有一次，他找我聊天，问我为什么像他这样有车有房、工作不错、长相也还行的人，却没有女孩子愿意跟他交往，也没几个知心朋友。

我笑着说，因为人家和他相处觉得很没意思，他做人太无趣了。

比如，吃烧烤的时候，他一再强调烤串的肉很可能是老鼠肉，就算不是，也含有很多致癌物质；比如，朋友请他到新家参观，他一脸嫌弃地说装修一般、格局不好、价格太贵，而且是安置房，质量堪忧；比如，同事的弟弟高考成绩过了重点线，向他咨询学什么专业比较好，他一味地阐述大学无用论……他总是把攻击、嘲笑、不自知的话当成幽默，喜欢打断别人的话，而且得理不饶人，不给别人台阶下。

周先生认为，他说的都是实话，实话还不让人说吗？

可是，你有说实话的自由，别人也有不把你当朋友，不喜欢你的自由。

相信每个人身边都会有类似周先生这样的人，聊天时只顾着表达自己的看法，相处时从不照顾别人的情绪，喜欢把直白当成个性，喜欢把毒舌当成幽默。有时候，他们的确能让人醍醐灌顶，但更多的时候，只会让人敬而远之。

每个人都是自己人生的导演和唯一的主角，这里没有试镜、彩排、后期剪辑，每一分每一秒都是真人秀。在这场真人秀中，每个人都会有难言之隐，也都会有犯错的时候。当你身边的人遭遇不堪时，少一些嘲笑，多一些关爱，力所能及就别选择围观，力不从心就选择祝福。这样，别人才会觉得你有趣，才愿意和你交往。

有趣的人，他很善良，又带着锋芒，从不对别人的生活指手画脚，但又敢于表达自己的意见或者保持沉默。他善于用乐观的情绪包裹自己，让你卸下防备和伪装，让你接收善意和能量。

有趣，与贫富美丑无关，与学历能力无关，与年龄性别无关，它是一种心态，更是一种由内而外的修养。有趣的人，无论身处高堂，还是行走陌室，都能以平和的心态面对。

最重要的是，有趣的人，能闻到灵魂的香气，能发现生活的美好，能看到世间的温暖。

人这一辈子，会被贴上各种各样的标签，比如事业有成，比如文采斐然，比如人情练达。朋友们，无论你身上贴着什么标签，我都希望你变得有趣。有趣，是你一辈子的才情。

莫主编

2016年夏·福州

「Contents 目录」

# PART A
## 永远别放弃做个有趣的人

◆ ◆ ◆

PART B

# 当你识趣的时候，别人才觉得你有趣

# PART C

## 活得有趣，比一切优秀更重要

## PART D

## 一辈子很长，就找个有趣的人在一起

## PART E

# 你有趣了，世间所有事都会变得有趣

PART F

有趣，是对一个人最好的评价

PART G

有趣的人总能把生活过得热气腾腾

永 远 别 放 弃 做 个 有 趣 的 人

# PART A

## 永远别放弃做个有趣的人

生活就是这样。如果阳光照不进你的空间，不妨打开房门走出去；如果爱情闯不进你的世界，请相信某一个转角处会有一个人在等你。无论是爱情还是生活，只要你不把自己抛弃，少了谁都行。哪怕是一个人，也请记得做一个有趣的人。

## 内心空白的人，才会装出一脸世故

你身边有没有这样的人，只要给他一个台阶，他一定会想方设法爬上去，然后趾高气扬地审视你的生活——他批评你穿衣打扮太怪异了，会影响整体形象；他批评你行为举止太奇葩了，会引起别人的不适；他批评你说话太随和了，会让别人看轻。之后，他一本正经地给你举例子，比如他的某个朋友、某个同学、某个亲戚之前就和你一样，然后现在怎样了。

刚开始，你觉得他是一个很靠谱的人，觉得认识他真是三生有幸、相见恨晚。后来，你慢慢地发现，他的故事其实都是听来的，他的道理其实都是编造的，他把自己的猜测用确实发生过的语气传达给你，却从未想过为自己说的话负责。

利先生能说会道、幽默风趣，很多人都喜欢跟他交往，但通常只有三个月的交情。三个月之后，大家对利先生的印象往往会一落千丈，甚至不想再跟他有来往。

A先生说，上半年股市看涨，他看好了某只股票，知道利先生也炒股，就想听听他的建议。利先生先吹嘘自己是老股民了，炒了七八年的股，虽然没有挣大钱，但多少挣了一点小钱。他花了十分钟的时间研究了一下A先生选择的股票，然后说这只股票一个月内肯定跌，劝A先生别买。然而，那只股票一直蹿红了三个月，三个月后，A先生已经放弃的时候，利先生说可以买入了。结果，A先生买入后不到一个星期就被套了。后来，A先生才知道，利先生根本就不懂股票。

B先生说，几个月前他认识了采购商任总，任总说他在某个楼盘接了一个大单，要向B先生采购价值一千多万元的品牌空调。B先生惊喜后也疑虑过，任总为什么找他买空调？利先生打消了B先生的疑虑，他说自己阅人无数，看任总的面相就知道是个可靠的值得合作的老板，他也准备跟任总合作，哪怕先付30%的订金，也不会有问题，如果错过这次合作机会，就是上百万元的损失。后来，B先生才知道，利先生根本就不认识任总，更没有跟任总合作过，这让B先生损失了百余万。

F小姐开了一家贸易公司，受行业内经济不景气的影响，业绩下滑，濒临破产。去年九月份，她接到了一份世界500强企业的聘用书，因为该企业计划在T城开设一家分公司，她多年没联系过的大学同学推荐她去当分公司总经理。F小姐犹豫着到底是去还是不去，利先生认为，F小姐连自己的企业都做不好，她的同学为什么会推荐她，而且十几年没联系，怎么可能对她那么上心，其中肯定有问题。之后，F小姐拒绝了同学的好意，半年后，她的贸易公司宣布破产，很长时间都没找到合适的工作。而当初她拒绝的那个公司，凭借强大的资金支持及市场声誉，在T城开设的分公司蒸蒸日上。

W先生也认识利先生，他说，五年前，他辞职创业的时候，利先生对他说，放着年薪十万的工作不做，不是傻吗？创业的前两年，W先生吃了大半年的泡面，经常发不出工资，对此，利先生说过无数的风凉话和所谓的金玉良言。后来，公司的形势日渐转好后，利先生又开始对外宣称，当初就是他鼓励W先生辞职创业，W先生才能把事业做得红红火火；如果W先生当初能更听他的话，不做某些错误的规划，现在肯定更辉煌。

W先生跟我也比较熟，他跟我说，其实利先生本心并不坏，就是太爱以自我为中心了，总以为他看到的世界就是一切，总以为他尝试过但失败了的事情，就不可能成功。比如利先生曾跟着别人炒过股，蒙对了几只股票，就觉得自己是股神了；比如利先生曾和几个人一起策划过合伙创业，最后时刻退出了，恰好那几个人创业失败了，所以他觉得自己很有远见；比如他曾轻信了朋友在酒桌上的戏言，辞掉工作后没被高薪聘用，所以对所有人都存有戒心。

其实，生活中，到处都有像利先生这样的人。从来没有创过业，只看了几本商界大佬的回忆录，就开始对别人的梦想指指点点；从来没有取得过大成就，只是听过几个成功的故事，就嘲笑别人肯定都会失败；从来没有享受过爱情的甜蜜，只是读过几篇爱情小说，就觉得他不认可的爱情肯定不会有好结果。

人，其实简单一点更好，站在低位的时候，不必假装高人一等；站在高位的时候，更不必觉得高人一等。

内心富足的人，给别人的鼓励是真的，给别人的微笑是甜的，只有那些内心空白的人，才会装出一脸世故，才会假装自己什么都知道，才会害怕大家发现他什么都不知道。

# 你可别成为对家人小气的人呀

很多时候，我们可以为爱痴狂，万众瞩目之下也敢大声求爱，在父母面前却羞于说一句感恩的话。很多时候，我们可以废寝忘食，为了一个工作项目乐此不疲，却总说挤不出时间回家看望父母。

阿桂说，他第一次给妈妈送花，是在高一的母亲节。那天的花价格惊人的高，还不能讲价，从没买过花的阿桂，用一个月的零花钱买了一束康乃馨。当他把花捧到妈妈眼前时，虽然妈妈不停地责怪他乱花钱，却像个孩子似的满脸幸福。

之后的几年，阿桂在异乡求学，在异地工作，每次母亲节都会给妈妈打电话送上祝福。妈妈接电话后总是问他一些诸如钱够不够花，工作顺不顺利之类的家常问题。当阿桂告诉妈妈今天是母亲节，祝她快乐时。妈妈每次都很开心地说："哦，就是那次，你买花送给我的那个节日。"

阿桂说，他没有想到，那束开了不到一周的康乃馨，让妈妈的幸福一直延续现在。

目不识丁的文盲和才高八斗的学者，他们给父母的拥抱一样温暖；三十元一套的新衣服和几万元一套的轮滑，父母对孩子的爱一样深沉。父母与子女的爱，从来就没有高低贵贱之分，与学历无关，与出身无关，与贫富也无关。有时候，一束花，一句话，一个拥抱，就能让爱升华。

米苏说，几年前，老公生意失败，变成了一个酒鬼。有一次，老公醉酒回家，没说上几句话，就要动手打她。她的女儿悠悠那时才五岁，尖叫一声就把米苏挡在身后，哭着喊"爸爸别打妈妈，要打就打悠悠"。这之后，每次米苏受了委屈，悠悠都会安慰她说"等悠悠长大了，能挣钱了，就不要坏爸爸了，我来养妈妈"。幸好，后来老公洗心革面，对米苏和女儿越来越好。不过，女儿曾给予的安慰，米苏至今都铭记在心。

江明说，他的母亲已经50岁了，但他从来没给母亲过过生日。前几天，他借口说有同事来家里做客，让妻子和母亲准备了一桌子的饭菜，他要给母亲过一个迟到的生日。

点好蜡烛，他让母亲许愿，母亲却哭了。这一刻，他才发现，母亲也有脆弱的一面，相比住楼房、喝蛋白粉、穿新衣服之类的，母亲要的竟然这么少。

不知是哪位作家说过这样一段话："所谓父女母子一场，只不过意味着，你和他的缘分就是今生今世不断地在目送他的背影渐行渐远。你站立在小路的这一端，看着他逐渐消失在小路转弯的地方，而且，他用背影默默告诉你：不必追。"

所谓的"可怜天下父母心"，其实是"可怜你不懂父母心"。你总以为必须出人头地、飞黄腾达才能对得起父母的教养之恩，可你的父母又岂会不知道你学走路时摔破皮后的哭声，你穿上新衣服过年时的笑声，你暗恋一个女生不敢表白时的怯懦，你初入职场被上司批评时的委屈……只是你不懂，你摔倒后父母的心疼，你穿新衣时父母的欣慰，你怯懦不敢表白时父母的暗中加油，你受了委屈时父母内心的焦灼……

对于父母，有时候真的不必吝啬你的关怀。母亲收拾好你的行李时，你的一句"辛苦了""谢谢"不是生分；父亲和你推杯换盏时，你双手持杯不是客套；父亲节、母亲节时一个祝福的电话，更不是摆摆样子。

爱，就表达出来，更不要对你的父母小气。也许，你的父母从未意识到他们需要这些爱的表达，但我相信，就像阿桂送给妈妈的那一束开了不到一周的康乃馨一样，你所表达出来的关怀和尊重、牵挂和祝福，会让他们的幸福延续更久。

# 拒绝别人，越简单越好

你是否有过这样的经历，朋友请你帮忙，答应吧，并不在你力所能及的范围，不答应吧，又怕磨不开面子。事情办好了，累得自己够呛，事情没办好，还惹得对方埋怨。

你是否也有过这样的经历，异性向你示爱，答应吧，心里其实并不喜欢，拒绝吧，又怕伤了对方的心。于是，不点头、不拒绝，最后折磨了自己，也耽误了别人。

你是否还有过这样的经历，不爱打麻将的你碰上三缺一，讨厌夜生活的你被朋友拉着逛夜店，周末想好好休息遇上老同学组织聚餐……拒绝吧，怕扫了别人的兴致；不拒绝，又打乱了自己的计划。

越长大就越会发现，不善于拒绝别人的人，活得都比较累。

妞妞是公认的好脾气女生，对身边的人都很热心，帮舍友打饭，帮同学补习，陪朋友逛街，凡是她觉得能帮得上忙的，都尽力去帮忙。

大学毕业前几个月，她突然找我借钱，我有些诧异，印象中她并不缺钱，干吗要借钱。她解释说，她的一个朋友小徐找她借一万块钱，但是她没有那么多，就想着找几个比较要好的朋友，把钱凑齐了借给小徐。

我问她："你没钱干吗答应别人？"

妞妞说："我也想拒绝，可是找不到什么理由，而且她那么可怜，我也不忍心开口拒绝。"

小徐我也认识，跟妞妞的关系只能算是一般。而且小徐是一个不讲原则的人，特别在钱这件事情上，基本上是"大钱少还，小钱不还"。她借一万块钱，也不是有什么难事，只是想买刚上市的苹果手机。

妞妞后来还是凑齐了钱借给小徐。直到工作几年后，我和妞妞无意间说起小徐，才知道小徐至今只还了她三千块钱。

帮助别人是好心，可是凡事都帮助别人，就是纵容。这个社会上，有些人习惯了求助：考试作弊被发现，求监考老师放自己一马；工作出现纰漏，求同事别告诉老板；出轨被抓了，求爱人原谅自己一回；赌钱赌输了，求亲戚朋友接济一下……其实他们明明可以认真备考不去作弊，认真工作杜绝出错，一心一意对待爱人，勤奋努力靠双手致富……可是，他们却习惯了在犯错之后，求得别人的原谅。

原谅一次，也算是人之常情，可多次的原谅，其实是在助纣为虐。

就像妞妞一样，她明明只需做到力所能及就行，又为何要超出自己的能力范围呢？谁的生活都不可能一帆风顺，每个人生来就是要克服困难的，受伤跌倒了只懂得等父母抱起来的孩子永远不会长大，碰到困难首先想到让朋友帮忙的人永远不会成熟。你以为，你是在好心帮忙，其实，你是在告诉他："错下去吧，出了问题，会有别人帮你扛着。"

几年前，朋友璐璐喜欢上一个男生，向他表白后得到了认可。之后的两三个月，璐璐每天最高兴的事情就是给他写情书、打电话，每天都跟我炫耀他有多优秀，有多少有趣的故事。

但是，那个男生却从来不回复璐璐的情书，从来不主动给璐璐打电话。璐璐约了他无数次，而他偶尔才会陪璐璐一起吃饭、看电影。

我问璐璐："这就是你想要的男朋友吗？"

璐璐说："只要他不嫌弃我就行了，我爱他，我乐意。"

直到半年后，璐璐才得到了男朋友的明确答复，他从来没有爱过她。

拒绝一个人，真的很困难吗？你怕拒绝会伤人，可你有没有想过，你的暧昧和含糊其辞更能把人引入深渊。哪怕爱情最开始的时候轰轰烈烈，但只要你敢拒绝，便可轻松退出；可是，如果你让我习惯了有你的生活后，突然说你从未爱过，我是该相信因为你不忍心，还是因为你太无情？

无论是爱情还是生活，拒绝别人，真的不用那么复杂，谁都有自己的喜好和难处，谁都不可能擅长所有领域。如果有人向你示爱，不喜欢就拒绝，不要只是微笑抿嘴不说话；如果有人向你求助，帮不了就明说，不要答应了别人却误了大事。也不必去找太多借口，你只需说："对不起，我可能帮不了你。""对不起，你很好，可是我不喜欢你。"

　　拒绝了别人的求爱，她自然会去找更合适的人相爱；拒绝了别人的求助，她自然会去找更合适的人寻求帮助。所以，你不必担心你的拒绝会让别人失去爱的勇气、丧失前进的动力，相反，如果你不敢拒绝，才是折磨了自己，耽误了别人。

# 你的善良必须有点锋芒

自从大学时期经历了一段失败的恋情后，小玄就对谈恋爱产生了恐惧，这几年来一直没找男朋友。随着年龄的增长，在亲朋好友的鼓动下，她觉得确实该考虑一下人生大事了，就开始加入各种网络相亲群。

不久后，她和一个聊得很投机的男生试着交往。男生很会讨女孩子欢心，该有的情调和浪漫，他都能炮制；该有的温柔和关怀，他张口就来。她和男生在一起时，从来没遇到过冷场和尴尬。

见了几次面，男生带着小玄去酒吧玩，那天晚上，小玄喝多了，就和男生一起在酒店过夜。毕竟是相亲，都是奔着结婚去的，所以小玄觉得也没什么。

这之后，男生仍旧很热情，也没有"玩失踪"的迹象。不过，小玄想到以后的日子还很长，总得按部就班地往前推进，就有意无意地提醒男生，希望能见见他的同事、朋友和亲人，可他不是说改天，就是说下次。小玄觉得很奇怪，但也没太在意。

直到有一次，小玄给男生打电话说，希望他能腾出时间，带小玄见见他的父母。可是男生推托说，他正在上海出差，这事以后再说。结果，小玄在当地的一家商场与男生不期而遇。她看到，男生牵着一个陌生女孩的手。

在小玄的质问下，男生终于坦白：他很喜欢小玄，但是他觉得自己配不上小玄。他之前说的有车有房，其实车是公司的，房是租的。他之前说自己是公司副总裁，其实只是公司司机。他之所以没跟小玄说明真相，一方面是因为不忍心伤害小玄，另一方面是因为舍不得离开。

小玄很难过，她想不通，这个看上去帅气、干净的男生，背后怎么会隐藏着这么多恶意，而且还把自己描述得这么善良。她承认，当初看上男生，除了他很幽默、很温柔之外，很大一部分原因是他有房子、有车子。可是，相亲本来就是明码标价，各取所需，同时，还需要真诚，不是吗？退一步讲，只要男生一直对她好，即便没车没房，她也不会在意。

知道真相后的小玄觉得自己快疯了，偶然在半夜想起男生的时候，她恨不得杀了他。可是，杀了他又有什么用呢？她很后悔，不是后悔失身，而是好不容易才相信的感情，突然就破灭了，她后悔错信了人。

这个世界上，绝大多数人之所以相亲，是为了给自己找一辈子的伴侣，但也不排除一小部分人以相亲的方式给自己找暂时的性伴侣。概率这种事情，适合统计学家，对于普通人来说，中了就是有，没中就是零。

相亲本来就是一场势均力敌的较量，把所有优点摆在台面上，一一过磅计价，你可以包装，但绝不能伪装。

爱，应该坦诚相见，过度的伪装就是欺骗。感情容得下贫穷，也能容得下争吵，但绝对容不下欺骗和背叛。

小玄说，她以为只要自己是认真的，别人也肯定是认真的。只可惜，在别人眼中，认真这种东西，是最廉价的。

看清这个"渣男"后，她突然觉得她的认真有些幼稚，她的善良有些不堪。

爱默生说："你的善良必须有点锋芒——不然就等于零。"

你可以很善良，但并不代表你遇见的每一个人都很善良。总会有那么一两个伪善的人会刷新你的认知，刷新你对这个世界的看法。

如果你要问，这个世界上是好人多还是坏人多，那么，你一定要坚信肯定是好人多。但也别忘了墨菲定律，任何事情都会出差错，而且是在最坏的时刻出差错。

所以，当你一直追寻的梦想最后成了空，当你一直爱着的恋人最后背叛了你，也不要就此怀疑人生。那些不好的事发生在你的身上，是为了告诉你，你只是个凡人，没有左右一切的力量；那些不好的人出现在你的生命里，是为了告诉你，你的善良必须有点锋芒。

# 永远别放弃做个有趣的人

单身的时候，总觉得脏乱的房间、颠倒的作息、不规则的饮食并不可怕，只要有另一个人出现，你立马就能"改头换面"、"重新做人"；缺钱的时候，总觉得一碗泡面当晚餐，穿地边摊上买的衣服并不可怕，等哪一天有钱有时间了，照样可以锦衣玉食、雍容华贵。

爱情，是一路走来，那些外人看不透，而自己又逃不开，哪怕多年以后偶然回想，也会窃喜的小确幸；而生活，是在不断前行的道路上遇见的人和经历过的事，是那些在黑暗中闪着亮光的，只属于你的音符。

为了爱情和梦想，为了摆脱父母和亲戚圈的束缚，小暖毕业后，留在了上大学的城市，和陌生人合租了一套房子，做着一份专业不对口的工作，领着不高的薪水，每天挤公交上下班，碰到节假日，往往就是刷微博、刷朋友圈、看韩剧、玩网游。

对于大多数人来说，努力和激情往往熬不过7个工作日。小暖也是这样，因为是一个人，如果周末没有朋友的邀约，她通常宅在家里，观看积了一周没看的偶像剧，清洗积了一周的脏衣服，饿了就叫外卖或者煮碗泡面，累了困了就睡个天昏地暗。

大学时的小暖，其实并不是这样的。每天早早地起床，戴上耳机去操场晨跑，出完一身汗后洗一个热水澡，每天都精力充沛；化最漂亮的妆，搭最漂亮的衣服，和闺蜜一起逛街、购物，和男朋友约会、看电影；每天都抽出一个小时来看书，无论是饮食、美容类，还是哲学、文学类，她都不介意。

大学毕业季，小暖留在了大城市，他的男朋友却选择了接受父母的安排，回到了他的小县城。分手后，小暖哭了一个多月，把所有关于他的东西，都当垃圾扔了。没有他，小暖再也没有晨跑，再也不会花半个小时化妆，再也不关心衣服的搭配，再也没有心情看书……小暖觉得，过去的她，之所以晨跑、看书、举止端庄，不过是为了有一个更美好的自己，来配上最美好的他。可是，他叛逃了，她美给谁看呢？

如果你也曾失恋过，会不会有那么一段时间，你也想过用折磨自己来博取他的可怜与回头。可是，最终他没有回头，而你却习惯了折磨自己，不知道该怎么重新做自己，更不知道，为什么要重新做自己。

后来，机缘巧合，小暖和他的一个男同事恋爱了，可相处不到一个月，又分手了。分手的时候，小暖要他给一个理由，他说他觉得小暖太无趣了。比如他给小暖讲笑话，小暖觉得低幼、弱智、没意思；比如他特意选择了一个西餐厅约会，小暖却从头到尾都在说小龙虾、羊肉串和老坛酸菜面；比如一起去看爱情电影，他整场都在感慨，小暖却觉得电影太无聊、编剧太无耻、演员太花哨……

小暖以前一直觉得，她不会再为任何一个人改变自己，而事实却是，她似乎忘了自己是谁？过去那个阳光、幽默、知性的小暖，真的只是为了配得上谁吗？而后来那个阴暗、懒惰、无趣的小暖，真的是她想成为的样子吗？

也许，每一个人，都曾为了一个不合适的人，丢了自己、迷失了方向；因为了一件无关痛痒的小事，乱了分寸、荒废了时光。小暖突然觉得，人，可以不优秀，但绝对不能无趣。

小暖试着把房间清理干净，把电脑清理干净，把书架清理干净。她开始晨跑，在心跳声、呼吸声和汗水中，她发现早晨的天空可以那么美；她开始认真化妆，搭配最得体的衣服，走在路上，她发现每个人都面带微笑；她开始看书，不再说脏话、甩脸色，越来越发现身边的每个人都那么健谈、那么有趣。

生活就是这样。如果阳光照不进你的空间，不妨打开房门走出去；如果爱情闯不进你的世界，请相信某一个转角处会有一个人在等你。无论是爱情还是生活，只要你不把自己抛弃，少了谁都行。哪怕是一个人，也请记得做一个有趣的人，在面条里加一个荷包蛋，在阳台上添一把懒人椅，在音乐声中喝一杯香浓的咖啡，在大排档里享受碳烤黑鱼和扎啤，在西餐厅里用高跟鞋配上红酒杯。

那个陪着你、爱着你的人，不是因为可怜你，不是因为怕他走了你过得不好，而是因为你很有趣，和你在一起的生活很有趣，他舍不得走。无论是在爱情还是在生活中，永远别放弃做一个有趣的人。

# 有些难过不必逢人就说起

挤公交的时候发现上错车了，开车的时候发现走错路了，坐高铁的时候发现睡过站了，飞机起飞的时候突然尿急了。

全心全意地追求一个女孩，她却跟仅有一面之缘的男人跑了。绞尽脑汁写了一个文案，却被上司贬得一文不值。声情并茂地讲了一个故事，听众们却毫无反应。

人的一生，困难无处不在。可正是因为有这些烦恼，这些难题，你才能体味会到幸福。

当你还不太成熟时，常常几杯酒下肚，就开始哭诉心中的委屈。比如，在一段失败的感情中，你是如何燃烧自我，对方又是如何借着你燃烧的光，跟别人携手前行的。又比如，在一份失败的工作中，你的好心帮忙，不仅被当成了驴肝肺，而且被诬告成了替罪羊。

后来，你发现了吗？

明明是对方出轨，最后却成了你笨；明明是你被骗，最后却成了你傻；明明你的生活那般不幸，最后却成了你活该。

情绪是会传染的，谁的生活都不容易，谁都没有耐心和兴趣去聆听你的不幸。

在他们的眼里，安慰、打抱不平多半是礼节性的说辞，更多的时候，是知道你过得这么不好，那他们就放心了；你过得这么不好，还是别太靠近你吧。

人与人之间的关系，其实就是这么现实。

也许，你会说，我闺蜜或者我兄弟肯定不是这样的。

可是，你有几个闺蜜？你又有几个兄弟？

闺蜜或者兄弟存在的意义，是在你最需要的时候挺身而出。但是，你不可能把生命里的每一次挫折，都上升成为"最需要"。更多的时候，面对挫折、打败挫折，靠的是身边那些看起来似乎无关紧要的朋友。

这些朋友，可能是你的同事、同学、邻居，甚至是只有一面之缘的路人甲，他们会愿意怜悯你的不幸吗？

就像你没兴趣去透过乞丐脏乱臭的外表，去了解他跌宕起伏的人生和他荡气回肠的爱情故事。同样，你的多数朋友，也没兴趣去透过你负能量"爆棚"的表象，去了解你内心中不易被觉察的自信和正能量。

没有几个人会为了你的难过而停下脚步，多数人不过是驻足观看你的表演，笑着安慰，笑着离开。

　　你总以为，你难过的时候，全世界都会陪你哭。可现实是，太阳依旧升起，公交依旧拥挤，上午8点31分上班打卡依旧迟到。

　　人的一生，其实就是矛盾、挫折和苦难伴随的一生，每个人都会有一帆风顺的时候，自然也会有郁郁寡欢的时候。苦难不是你一蹶不振的理由，它只代表你的过去，并证明你还有前进的能力；它更不能成为你博取同情的资本，没有人会尊重一个哭穷、哭难的人，只会觉得他可怜、可笑。

　　真的，人生路上，有些难过只适合留给自己，有些难过只适合说给懂的人听。有些难过，真的不必逢人就说起！

# 没人陪伴，就自己阳光

追逐梦想的道路上，总有那么几个夜晚，你会觉得孤单，觉得疲惫，觉得为什么辛苦了那么久，付出了那么多，却没有人来捧场？你甚至不敢打开灯，因为你怕看到自己孤独的影子。

追逐爱情的过程中，总有那么几个清晨，你非常想他，想给他发条短信，可是，又怕吵醒他。你甚至不敢再看手机，怕抑制不住的思念让你更加心乱。

七姑娘特别爱吃蛋糕，她认为人生太艰难了，得让生活甜一点。她对自己的形象非常重视，出门逛个街、看场电影，临行前至少要花半个小时以上的时间打扮。去不同的商场、看不同的电影，就要搭配不同的鞋子和口红。她觉得女人出门不化妆、不打扮，是对自己的残忍。

七姑娘有一个非常疼她的男朋友，比她大三岁。七姑娘半夜说饿的时候，他去肯德基买夜宵，然后偷偷溜进女生宿舍楼送到她面前。七姑娘寒假回来让他去接的时候，不知道车次的他在出站口傻傻地等了三个小时。七姑娘找工作要去面试，他比七姑娘还紧张，一夜都没睡。

相信每一对情侣说起恋爱中感动的细节，都会有千言万语。七姑娘也一样，她希望一辈子都能感动下去。可是，一辈子真的很长，长到谁也无法预料会不会就在下一秒，一切就变了。

那一年，七姑娘因为工作中的一个细节疏忽，导致项目方临时中止了合作，在公司大会上被严厉批评。她向男朋友倒了一大壶苦水后，不堪应付的男朋友提出了分手。气头上的七姑娘想也没想就大声地咆哮道："分就分，有什么了不起的！"

说分手的当天晚上，七姑娘就后悔了。不是后悔分手了，而是后悔现在她心情不好，没人带着她去吃她最爱吃的甜品；肚子疼的时候，没人给她煮红糖水，没人讲笑话让她转移注意力。

周末，七姑娘只能一个人买菜、做饭，一个人吃饭、洗碗；逛街前她不再打扮了，反正不怕给谁丢脸，也不必美给谁看；半夜饿了，到楼下买几串烧烤加两瓶啤酒，吃得喉咙冒火，喝得眼角通红。

七小姐辞职在家待了一个多月，每天睡到上午11点才醒，晚上却怎么也睡不着。她还学会了抽烟，在天台上，看着楼下光怪陆离的行人，一根接一根地抽。

大三的时候，七姑娘认识了她的男朋友。那时候她的男朋友刚毕业，工资低，又遇到了公司恶意欠薪，七姑娘毫不犹豫地把自己生活费的三分之二给了他，他抱着七姑娘，感动得像个孩子似的哭了很久。七姑娘毕业的时候，男朋友被外派到其他城市驻留半年。没办法，七姑娘只能自己找房子，自己搬家，每天跟男朋友打电话，视频聊天，仿佛男朋友就在她身边一样。

爱情最可怕的不是爱着爱着就不爱了，而是明明历经万水千山才走到一起，他却突然要只身远走。

分手后，七姑娘把所有与男朋友有关的东西都扔了，换了一处住所，买了一张艳红的懒人椅，一张精致的八仙桌。周末，一盘CD，一本临摹字帖，就可以度过一个安静的上午；一壶茶，一本书，就可以度过一个慵懒的下午。

失恋之所以会让人痛不欲生，是习惯了依赖一个人。这个人一走，仿佛骨头被抽走了，站都站不稳。七姑娘说，没有他日子，她过得也不差，他走了，天也不会塌。没人陪伴，那她就自己阳光。

无论贫富贵贱，你总会遇到一个让你魂牵梦萦的人，一个让你日夜盼望的梦想，很多时候，我们总觉得，所谓的成功就是要有鲜花和掌声，所谓的幸福就是要有他在身旁。可是，谁的成功不是熬过了无数个不被看好，独自前行的夜晚，谁的爱情不是在柴米油盐的争执，想见不能见的思念和期待中度过的？

无论是事业还是爱情，人往往是在等待中前行的，等客户采纳你的方案，等爱人与你共进美餐。如果客户久久不回话，如果爱人迟迟不回家，你会怎么办？惊惶失措还是气定神闲？

　　生活就是这样，总会有寒风中迟迟不来的公交，饥饿时迟迟不上的饭菜，年华正好却迟迟不到的另一半。与其骂司机是不是死在路上了，不如戴上耳机听首歌；与其骂厨师是不是死在厨房了，不如讲个笑话，聊聊八卦；与其寻找艳遇、处处留情，不如我自安好、静候佳人。

　　两个人，有两个人的温馨；一个人，自然也有一个人的精彩。不必在失恋后，伤心太久，也不必在孤单时，选择凄凉。我们应该像七姑娘说的那样，无论是爱情还是生活，如果没人陪伴，那就自己阳光。

## 学会把日子过得幽默起来

爱情出现矛盾的时候，何必争论、何必分对错，和好从微笑认错开始；工作出现纰漏的时候，何必敷衍、何必找借口，改变从微笑接受开始；朋友之间出现隔阂的时候，何必恶言相向、何必互不搭理，交心从微笑认可开始。

不知道你有没有发现，那些幽默的人，身边往往不缺朋友，爱情也更加甜蜜。其实，生活中所谓的苦难或者幸运，往往取决于你看问题的角度。那些充满幽默感的人，就像清晨的阳光，总能给枯燥的生活涂上斑斓的色彩，将挫折转化为动力。

芊芊是一个特别幽默的女孩，有她在的地方，就有欢声笑语，朋友们都把她当成活宝。可是，这段时间，她每天一下班就跟我抱怨，说她的工作简直不是人做的。我很好奇，当初她为了进这家公司，差点挤破了脑袋，现在这是怎么了？

芊芊说，别看这份工作福利好、待遇高，看上去光鲜靓丽的，但是公司的规章制度，简直让人无法忍受。特别是最近新来了一个女领导——侯总，制定了一系列团队文化，比如不能有办公室恋情，工作时间不能无故走动，下级不仅要无条件服从上级的工作安排，而且要时刻表达对领导的尊重。

有一次开会，芊芊对侯总的工作安排有些看法，就和旁边的同事小声讨论，结果被侯总厉声喝止。芊芊微笑着表示抱歉的时候，又被侯总批评嬉皮笑脸，没个工作的样子。

芊芊想不通，公司不是军队，真的有必要无条件服从吗？面无表情地工作，铁面无私地执行，就能提高工作效率，加强执行力？

在侯总的带领下，公司整体的业绩的确有所提升，但芊芊认为，这份工作除了能给她带来收入外，她一点儿也体会不到荣誉感、成就感和幸福感。在一次集团总部对各分公司的能力考核中，芊芊给侯总的多项指标都评了优秀，唯独团队领导力和团队凝聚力，芊芊给了差评。

芊芊觉得如果办公室里没有人情味，单纯靠业绩论功行赏，是不可能让员工有家的感觉的，更何况，工作吗，哭笑都得做，为什么不能和颜悦色的开展呢？

一份好的工作，首先得给人幸福感；一个好的企业，首先得给员工幸福感。任何人都不可能保证一年365天每天8小时全身心地投入到工作中，再强的大脑也需要放松。同事之间有一搭没一搭地调侃，有助于营造轻松愉悦的工作环境，更能缓解疲劳，为疲惫的神经注入生机。

事实上，在工作中，常常会有这样的情况：你跟他认真，他觉得你呆板；你跟他幽默，他又觉得你不正经。对于每一个上班族来说，工作几乎占了生活的一半时间，工作上的心情会直接影响生活的幸福感。

工作如此，爱情也是一样。幽默能巧妙地化解情侣的矛盾，能将争执和不同意见的伤害程度降到最小。

芊芊的男朋友顾先生比芊芊大六岁，有点脱发，第一次去见芊芊爸妈的时候，芊芊爸爸开玩笑说顾先生看上去怎么那么老气。顾先生并没有反驳，或者觉得难堪，而是笑着说："叔叔说得对，芊芊一直说您想找一个成熟的女婿，看来我成熟过头了。"

聚会的时候，芊芊曾经暗恋了很久的同学借酒开玩笑说，当初他不要的女人竟然还有人要。顾先生不仅没有生气，还连敬了他三杯酒，感谢他当年近视看不清，自己才有机会娶到这么优秀的女人，捡了一个大便宜。

芊芊说，顾先生买不起房，车还是二手的。但是，和顾先生在一起的日子，每天都能欢声笑语，再大的困难在顾先生的眼里都是小事，再无聊的事情都能被顾先生做得很有意思。

幽默，不仅仅是微笑，不仅仅是调侃，它是一种涵养，更是一种积极的人生态度。一个幽默的人，善于用愉悦的方式去对待他人、化解尴尬；一个幽默的团队，善于用积极的态度去对待工作、完成任务。

人生在世，无论工作还是生活，苦难在所难免。遇到他人的谩骂或者侮辱，与其冷言相对或者大打出手，不如忽视它、笑对它。遇到朋友或者同事萎靡不振时，与其敬而远之或者苦苦相劝，不如讲个笑话、逗人一乐。

人生短短几十年，与其哭着闹着度过，不如把日子过得幽默起来，给岁月添加更多动人的趣味。

# 有本事，你明天让我高攀不起

上学时，一穷二白的你，爱上了一穷二白的他，不管结局如何，多年以后，每每想起他总会有丝丝的感动。

工作后，见到很多情侣都有类似的经历：一开始，她说只要有他在身边，哪怕天天喝稀饭都是幸福的；后来，她说天天就只能喝稀饭，他怎么那么没用。

无论他们是相敬如宾、恩爱有加，还是恶语相向、争吵不断，最后走向分手的，多半都是贫贱情侣。爱的时候，即便在公用厨房、公用卫生间的出租房，也可以打造出爱的小窝；不爱的时候，她怪你连一间可以长期租住的房子都找不到。

小九是一个平面设计师，她的前任K哥是一个程序员。小九除了会用画图软件外，基本上就是一个电脑白痴，遇到软件和硬件都能搞定的K哥，她马上就坠入了爱河。当然，还有另一方面原因，

K哥既温柔浪漫，又很懂女人心，经常给小九送小礼物。

小九说，K哥真的是一个很好的男朋友，天冷的时候，小九冰冷的手可以直接塞进K哥的后背取暖；小九生日，K哥不打招呼地捧一大束玫瑰在她公司门口接她，带她去庆生；小九生理期，K哥乐呵呵地去药店买女性用品，给她煮红糖水，熬小米粥；逛街的时候，小九多看帅哥几眼，K哥会不高兴，谁多看小九几眼，K哥恨不得冲上去打一架。

有多少称职的男朋友，会在你需要的时候马上出现，在你不需要的时候马上滚开，在你不清楚到底需不需要的时候，在不远处候着。他们见不得你受一点委屈，宁愿时时刻刻都为你挡风遮雨。爱情如此，可是，生活呢？你不可能让一个男人时刻陪着你，却又要求他事业有成；也不可能让他把你扔到大街上历练，却又希望他为你把整条街戒严。

小九提出分手的时候，K哥说他已经做了一个男朋友应该做的一切，质问小九为什么要分手，还放狠话说小九一定会后悔的。

小九说，她不单单想和K哥谈恋爱，还想和他结婚，可是，她对婚姻一点信心也没有。

让小九无法接受的是，那个外表干净整洁的K哥，为什么会在家里堆着脏衣服、空啤酒瓶和吃剩的泡面桶；那个看上去文明礼貌的K哥，为什么经常在朋友面前张口闭口脏话连篇；那个让人感觉积极上进的K哥，为什么不务正业，上怪领导下怪同事。

爱情里，很多人都是"伪装者"，习惯把自己伪装成对方喜欢的样子。如果你喜欢的人只是在你面前假装很干净、很积极、很上进，你又怎能托付终身？哪怕分手后，他嘴上说着一定会让你后悔，可他事后又做了什么呢？他真的努力奋斗，假以时日成为让你高攀不起的人了吗？并没有。

爱一个人，你可以信任他，但千万别错把垃圾股当成潜力股。即便是潜力股，你也得先掂量一下手里的资本，看看是否足够等到它涨停。

仔仔是个很务实的人，深得同事和朋友的喜欢。他和女友相爱一年多，最后以分手而告终。原因是，女友受不了两个人年薪加起来不到六万块钱，扣除每个月的花销，一年下来连两万块钱都攒不到。

分手之后，仔仔请同事喝酒，请朋友唱歌，请同学洗浴……用一周时间把工作一年存下来的钱都花光了。他觉得他之所以赚钱、存钱，就是为了给女友一个美好的明天，现在女友离开了，还要那些钱干吗？

我问仔仔："没有爱情，生活就不能继续了吗？你希望你的下一任女友，再看到你这样落魄的样子吗？她凭什么要跟着你吃苦，你又有什么权利让她吃苦？"

这之后，仔仔像拼命三郎一样工作，苦活脏活全承包，重活难活不退缩，一年时间成了公司中层，年薪翻了一番。他还用业余时间摆地摊、做微商，不到两年，月薪达到了五位数。后来，他谈了一个新女友，并把结婚的事提上了日程。

爱情不是抱一抱、吻一吻就能幸福美满的，男人可以穷一时，但绝不能不上进，绝不能让他的爱人跟着他一直吃苦。贫贱夫妻百事哀，没有经济基础的爱情是寸步难行的。

对于女人来说，你可以陪着他一起成长、共经风雨，但你也得考虑一下到底值不值得，毕竟爱上他之后，你把遇见的好男人，都当成了路人甲。如果你渴望卓越、渴望激情，而他却甘于平庸、习惯平淡，那就不必再浪费时间了，告诉那个不能让你的生活变得更好，却说你世俗的男人："发誓谁不会，表决心谁不会，说狠话谁不会，有本事，你明天让我高攀不起！"

# 自己选择的路，跪着也要走完吗

故事可能会有夸张的成分，情节可能会有遗漏的地方，但生活不会。你露出的每一个笑容，流下的每一滴泪水，都不是空穴来风，而是有迹可循。

你是否也曾为爱情立过赌约，为生活下过定论？你明明可以爱得很美，却偏偏爱上了一个人渣；你明明可以过得很好，却偏偏选择了自虐。

这条当初你笃定选择的路，真的要走完吗？哪怕是跪着。

松鼠上大一的时候，爱上了一个刚毕业的学长。那个学长很成熟，很幽默，无论松鼠有什么难题，他都能够解决。对于一个涉世未深，对爱情充满向往的小姑娘来说，一个恰好的男人以恰好的姿态闯进她的世界，没有措手不及，一切那么自然，是何其美好。

后来，松鼠听到很多关于学长的传言，比如他在认识松鼠之前已经交过多少个女朋友，以及有多少不良嗜好。不过，松鼠相信爱情能够改变一个人。无论学长的过去多么不堪，松鼠都不介意，她要的是他的未来。

学长每个周末都来找松鼠，带她去吃大餐、逛商场、看夜场电影。松鼠一直觉得自己是这个世界上最幸运的女孩，直到她无意中看到他的微信消息，才知道他其实不止有一个女人。

松鼠问他，为什么要骗她？他说，他是爱松鼠的，只是他觉得他和松鼠不会有结果。

不会有结果，为什么还要在一起？

松鼠意外怀孕后，他选择了消失。

松鼠的室友、闺蜜都一致认定，一定要让那个人渣付出代价。松鼠说算了吧，毕竟她曾真心爱过他，怪只怪自己不听大家的话，怪只怪自己眼瞎。

自己选择的路，跪着也要走完！

可是，你很坚强地让自己跪着走完，那他呢？可以假装什么事情都没有，就消失吗？

耗子在喝下第十三瓶酒后，把杯子砸到地上，骂骂咧咧地说，老子真想灭了那孙子！

耗子的朋友去年以母亲生病为由，跟耗子借钱。重感情、重义气的耗子，二话没说就把工作三年的积蓄6万元全部借给了他，甚至把自己的信用卡也借给了他。

朋友承诺三个月一定还钱。到时间了，耗子问他什么情况？他质问耗子是不是他兄弟，兄弟有难，这样逼债真的合适吗？

后来，耗子得知朋友的母亲根本没有生病。事情的真相是，朋友把耗子的钱拿去做民间借贷，结果主事人卷款跑了，不仅是那6万元，就连耗子信用卡里的3万元额度，以及用借贷额度的2万元，一共11万元，全都没了踪影。

耗子一个月的工资，加上外快，也就6千块钱。如今，不仅每个月要还信用卡，还不敢让家人知道这事。

我问耗子，恨不恨？

耗子说，恨。可是，自己选择的路，能怎么办？

所以，要跪着走完吗？

你把别人当兄弟，别人却把你当冤大头，又何必呢？

人们常说："既然选择了远方，便只顾风雨兼程；自己选择的路，跪着也要走完。"可我总觉得，人生的道路有很多，何必一路走到黑？

你可以幸福，或者悲伤，但没有义务为别人的幸福或者悲伤买单。当你的真心遇上的也是真心，即便吃一点亏，也可以称为福报；当你的真心遇上了别人的玩笑，要记得，不是所有的善良都值得被肯定。每个人，都只有一次人生，你应该为自己的幸福，为关心你人生幸福的人负责。

成长，让我们越来越明白，不是所有的坚持，都值得被歌颂；

不是所有的前行，都会有好结果。很多路，其实是没有结果的。人的一辈子，应该是不断修正的过程，不应该是一条道走到黑。如果这条路上心酸太多，又何必跪着走完？

有些故事、有些人、有些路，错了，就是错了，坚持、执着，没有什么意义。很多时候，我们选择了远方，其实需要的只是远方，至于怎么到达远方，会有无数的方式。真的不必以跪着的方式一路走到底，人生何其短，何必如此委屈呢？

# 不好意思，你只是我1块钱的朋友

你跟朋友借过钱吗？

你的朋友跟你借过钱吗？

最后，你们都还了吗？

朋友M先生老实敦厚，非常讲义气，几年前我们一起在北京打拼的时候，每次我的工资花完了，他都二话不说资助我。

有一回，我因为特殊情况，需要回一趟老家。因为只有周末两天时间，坐火车得一天一夜，就试探性地向M先生借钱买机票。他二话不说，一个小时后就把钱汇到了我的卡上。

那时候我们都刚毕业，工资也不高，我问他怎么省下的钱？

他说，他在北京没什么朋友，平时也不爱买东西，花不了那么多。

我离开北京的时候，问他记不记得这两年，他一共借了我多少钱？

他说，因为把我当兄弟，所以，没记，也没想过要我还钱。

在北京的两年，我一共向 M 先生借了 27 次钱，小到五十块钱，多到五千块钱，一共借了 19800 元。后来，我们聊天的时候，他常常说，我是他在北京的第一个朋友，也是难得的一个"过万"的朋友。

出门在外，特别是对于男人来说，多半是报喜不报忧的。很多时候，除了感情，能让男人无能为力的，真的是钱。一分钱难倒英雄汉，当你交完一个季度的房租，发现还有 10 天才发工资，身上只有 100 块钱时，那种窘迫，谈的根本就不是什么理想了。

M 先生之所以愿意借钱给我，是因为我从来不赖账。说好了什么时间还钱，就一定是什么时间，实在有困难，也会提前说明。

有一种朋友，不到万不得已，是不会轻易开口借钱的。

有一种朋友，是像 M 先生一样，身上没钱，宁可用信用卡取现，也要仗义相助。

去年，M 先生突然给我发了一条信息说他急需 2 万块钱，我立马给他打电话核实，然后不问理由，直接给他汇款。

朋友之间，借钱是很正常的事情，谁都有不如意的时候。但是，现在很多人却高估了自己的价值，甚至网络上还有关于群发借钱短信的段子，用来筛选哪些是真正意义上的朋友。

一个月薪 3000 元还要养家的朋友，你一张嘴就是借 3 万元，他最后借了 2000 块钱给你，就不是朋友了吗？

一个年薪 100 万的朋友，你跟他借 1 万元，他一面说你欠他一个人情，一面用施舍的姿态递给你2万元，就是真的朋友吗？

其实，朋友之间，也分为1块钱朋友，100块钱朋友，1000块钱朋友和过万的朋友，等等。

1块钱的朋友，是公交车上碰到没零钱，买包烟差个打火机，萍水相逢的过客。

100块钱的朋友，是还没熟到借钱的地步，生活真的困难，可以请你吃顿饭。

1000块钱的朋友，是把你当朋友，但还没到为了你降低自己的生活质量，象征性地帮扶一下。

过万的朋友，是把你当朋友，也相信他有困难的时候你也会帮忙，尽其所能帮助你的朋友。

另一个朋友K先生，贫困家庭长大，从小到大得到过很多人的帮助，所以对身边的人都特别客气，只要他能帮上忙的，一定尽力帮忙。比如帮朋友去医院排号，帮朋友去车站买票，帮朋友写个推广方案……他都乐呵呵地帮忙。

3年前，他打电话问我借1万块钱。因为关系并不是很熟，我细问了一下他干吗借钱。了解到并不是他自己缺钱，而是他的一个"兄弟"缺钱，找他借，他没那么多，就想着找我帮一下忙。他那个"兄弟"是他工作上的朋友，说是准备做一个基金项目，找他借8万块钱，承诺一个月就还他。

我拒绝了K先生，我说如果是你自己需要钱，我会借，如果是你兄弟，一来我不认识，二来我觉得不靠谱，并建议K先生也要谨慎，毕竟8万块钱也不是小数目。

后来，听说K先生把自己两年的积蓄5万块钱借给了那个"兄弟"。然而，过了3年，他所谓的兄弟，至今没还一分钱。

有一种朋友，不到万不得已，是不会自己去想办法挣钱的。

有一种朋友，是不管别人有没有钱，只要不借给他钱，就是不把他当朋友。

K先生说，当初他那个"兄弟"说"差8万块钱，当我是兄弟就帮忙一下"。

K先生把他当兄弟了，他却把K先生当成了冤大头。

你要相信，这个世界上有努力勤奋的人，也有好吃懒做的人。后者通常以朋友的名义跟你借钱，却从没想过要还钱，哪怕有钱也不想还，而是找各种借口推托，甚至干脆玩消失。

还有一种人，跟你借钱借习惯了，一旦你不借，就说你不够意思。他们常常会说，"帮我一次吧，下次你有困难我一定帮你""我就你这么一个兄弟，你不帮我，我就死定了""你放心，我说到做到，月底一定还你，不还是孙子"……

其实，每个人的生活都不容易，如果我真的比你富裕很多，那你也不可能出现在我的圈子里。所以，请珍惜你身边愿意帮助你的人，也请别高估了自己的价值，5块钱的交情就别借1万，过万的交情就别借100块钱，别把朋友之间的感情当成泡沫经济的缩影，别帮忙不成，还伤了和气。

对于那些你不想借钱给他的朋友，别搪塞着说什么"我想想办法，争取一下"，请直接说"不好意思，我可能帮不上忙，你找别人吧"，真把你当朋友的，会理解你的难处。

对于那些借给你钱的朋友，当你实在无法按时还上时，不要推托，不要找借口，更不要玩失踪，说出实情，给出具体的偿还时间，真把你当朋友的，也会理解你的难处的。

对于那些你借给他钱的朋友，请记得准时提醒，别不好意思问，万一朋友真的忘记了呢。

所以，对于"过万"的朋友，别轻易拒绝，如果不是有特别大的难处，他不会开口跟你借钱。而对于那些满口谎言，屡次推托，玩失踪的人，别怕掉了面子，请直接告诉他："不好意思，你只是我1块钱的朋友。"

永 远 别 放 弃 做 个 有 趣 的 人

# PART B

## 当你识趣的时候，别人才觉得你有趣

人与人之间的交往，无论亲疏，都有一个尺度。敬酒，你可以不喝，但不必故意不喝；聊天，你可以沉默，但不必故作高冷；恋爱时，你可以执着，但不必纠缠不清；成功了，你可以庆祝，但不必小人得志。

# 也许是我配不上你的矫情

丹小姐又恋爱了，男朋友有八块腹肌。

丹小姐是处女座，向往完美的爱情。据说，她和初恋在青梅竹马七八年后，就青梅煮酒了，理由很简单，对于初恋，她的爱情观是：以前你折了99只千纸鹤送我当生日礼物，现在为什么没送，因为你不爱我了；为什么不陪我看《仙剑奇侠传三》，因为你不爱我了；约好了出去玩，为什么不拒绝加班陪我去，因为你不爱我了……

她认为，一个男人如果深爱她，就一定要想尽办法让她开心，满足她的各种有理的、无理的要求；一个男人如果不那么爱她了，就只会敷衍她。

自从丹小姐跟她的初恋分手后，男朋友平均一年换一个，恋爱三个月，疗伤九个月。但是丹小姐从来不承认那些是爱情，自她初恋之后的几任"男朋友",最可怜的一任,连丹小姐的手都没牵过;最厉害的一任,也只是跟丹小姐接了个吻。与其说丹小姐有情感洁癖,不如说她太过矫情。她说,她又没决定要跟对方结婚,为什么要跟对方接吻,为什么要跟对方拥抱,为什么要跟对方牵手?

谁说谈恋爱就一定要结婚?你不喜欢人家,你干吗要接受人家?让别人接送你上下班,请你吃饭看电影,陪你无聊陪你疯。没错,你是让他摆脱了"单身狗"的身份,却让他还像一个"单身狗"一样活着,那不就像是锅里的沸水,看着翻滚热烈,但是,不加点佐料能熬出大骨汤吗?不迟早得熬成水蒸气,熬成一锅致癌的亚硝酸盐?

跟八块腹肌的男朋友相处不到一个月,丹小姐就提出了分手。

我问丹小姐,为什么又分手了?

丹小姐说了约莫一杯咖啡的时间,赘述几条:

好几次跟我约好一起吃晚饭,但是我总碰上闺蜜、同事、同学临时组饭局,我总不能扫别人的面子,就只好对男朋友爽约了,这不是很正常吗?

做我男朋友还没几天,就把我的手机号码备注成老婆,满嘴宝贝、亲爱的,听着还蛮舒服的,但是,我又没想过嫁给他,他凭什么这么叫呀?

送我回家,送到小区门口就行了,凭什么送我上楼呀,而且谁说的送女朋友回家,就一定要拥抱、吻别,我偏不要。

　　我又问丹小姐，要是他爽你的约，你乐意吗？人家管你叫亲爱的，碍你什么事了？而且，都送你回家了，拥抱一下怎么了？都男女朋友了，还要顾虑那么多吗，是不是你太矫情了？

　　这让我想起我的前任，我们分手多年后，她都没有再交男朋友。说得好听一点，是找不到跟我一样或者比我更优秀的人了；说得难听一点，好不容易跳出了我这个坑，不想再被坑了。

　　那一年，我对她说搬过来一起住，这样能节省点房租，她说干吗要跟你同居。我说找个时间跟我回家见父母吧，她说她没想过要嫁给我，没必要见我的父母。事实上，男女朋友之实也有了，同居怎么了？嚷嚷着规划了很多将来，见父母怎么了？

　　可是，在这个社会上，又有多少爱情是因为这样分手的。爱情里，总会有一方爱得更深，花了更多的心思去爱，可是，却得不到爱的反馈。所以，哪怕还爱着，哪怕分手后的几年再没恋爱过，也绝不回头，哪怕是爱着也要说不爱。

　　爱就爱，不爱就不爱，经营感情需要艺术但不需要伪装，与其扭扭捏捏推三阻四，不如大大方方讲清楚。

　　不是我不够努力，也不是你太过矫情。只不过是，我的努力，好像刚好配不上你的矫情。

## 你没那么多观众，不用活得那么操心

第一次去KTV唱歌，你是不是也会提前几天，找个没人的地方，戴着耳机偷偷地苦练几十遍。当看到下一首就是自己的歌时，紧张得心跳加速。也许，开口的第一句抢拍了，调高了，高音上不去破音了，第二节入歌又早了。本以为，会遭到嘲笑，事实上好像并没有人关心是谁在唱歌，唱得怎么样。

第一次出远门，你是不是有过很多种担心？旅途中别人找你聊天没有话题怎么办？不会坐地铁怎么办？地方口音太重会不会被人嘲笑？而踏上旅途后，你是不是也发现，跟陌生人聊天的时候，人家根本不在乎你讲的故事是真是假；坐地铁的时候，没人关注你是不是紧抓着扶手；问路的时候，也没人在乎你的普通话是否带着口音，听得懂就行。

第一次参加朋友的婚礼，你不知道该穿运动服还是休闲服，咨询了很多同学、朋友，众说纷纭，最后特意去购置了一套小西装。在婚礼现场，毕恭毕敬，处处谨慎，就怕闹什么笑话。事后再聊起来的时候，是不是根本就没人记得你当时穿的是什么衣服，讲过什么笑话，喝了几杯酒，随了多少份子钱？

皮皮在开微信公众号之前，向我咨询了很久。比如她的公众号该取什么名字，用什么头像，发什么内容，什么时间发，配什么样的音乐和插图，粉丝留言的时候要怎么回答……

皮皮觉得她开公众号，就是为了让大家看到她优秀的一面，所以，从名称、头像、配乐、插图等，都必须尽善尽美。之后，皮皮每天都会在朋友圈分享她的新推送，我偶尔会给她的内容点个赞，她每天都问我喜欢不喜欢她写的东西，让我提出一些建议。

坚持了半个月后，皮皮突然给我发了一条微信，说她不想再经营这个公众号了。我问她为什么，她说自己的文章每天就三五个转发，不到一百的阅读量，没有激情了。

我安慰皮皮说，凡事贵在坚持，是金子总会发光的。

皮皮在停止更新大概半个月后，又慢慢地恢复了更新，每周只精雕细琢地写一两篇，内容、风格等也都与原来的文章有很大区别。

皮皮跟我说，她觉得过去的她太操心了，内容太长怕读者看了太累，措辞太犀利怕读者看了抵触，插图太露骨怕读者觉得猥琐，推送太晚怕影响读者休息，可事实上，并没有几个人关注她。开始的三五天，她觉得很有激情，一周过后就觉得疲惫，甚至觉得这是一种负担。

其实，你有没有发现，很多时候，原本很简单的生活，很单纯的兴趣爱好，往往因为我们太过于希望得到反馈，太在意受众的看法，自作多情地假想出许多观众，于是，简单变成了复杂，兴趣爱好也变成了镣铐。

不知道你是不是也有过这样的经历：

第一次去驾校练车，总担心座位没有调好，离合没有踩好，方向盘没有抓好等会被他人嘲笑。然而，根本就没有人关注你。

第一次去球馆打球，总担心装备不够好，步伐不够矫健，动作不够优美等会被他人嫌弃，然而，根本就没有人关注你。

第一次参加马拉松，总担心服装鞋子是否搭配，能否跑完全程，如果中途退场会不会被人笑话。然而，根本就没有人关注你。

对于家庭来说，每一个人都是很重要的存在；对于爱人来说，你也许是他的整个天空。然而，对于千千万万个家庭，对于千千万万的爱情故事来说，你的存在，也许并没有你想象的那么重要。

皮皮说自从她想通了之后，开始写自己喜欢的内容，选自己喜欢的插图，经营了两三个月后，很自然地积累了一些读者，也能很轻松地和读者进行交流。她说，一开始总觉得这样不行，那样不好，不仅自己不开心，读者也不太喜欢。想起那段本来没几个读者，还天天活得那么操心的日子，就觉得自己很幼稚。

对于我们大部人来说，都是在平凡的岗位上，做着平凡的工作，有一个平凡的爱人和家庭，过着平凡的生活。有一个自己的小圈子和对外展示的小窗口，圈子不大，窗口也不大。所以，文章不一定能成热门话题，能引发广泛讨论，言论也不一定能引导舆论，大可以开心地活、快乐地过，何必活得那么操心，毕竟，我们都没有那么多观众。

# 姑娘，别再对着前任犯贱

苏小姐分手后，没有急着找新男友。她说，分手后短时间不恋爱，是对前任最起码的尊重。

她倒是尊重了，可她的前任跟她分手不到两个月，就找了一个新女友。

苏小姐跟她的前任是在一次出差途中的动车上认识的，两人天南地北地聊了三个小时后互留电话，之后经常相约吃饭、看电影，彼此都很欣赏对方，不到半年就在一起了。

苏小姐说他们是和平分手的。她的前任在出差的动车上，认识了一个比苏小姐更有共同话题的女人，因为前任和苏小姐在恋爱观、婚姻观以及未来的发展上有诸多分歧，两人最终和平分手。

我认为，爱情中，如果对方背叛了自己，就不能算是和平分手。你不用去反思你做的饭菜是不是合对方的口味，你挑选的电影对方喜不喜欢看，你发脾气的时候说话是否太刻薄。只要跟你在一起的时候，对方的心里还藏着另一个人，那就是背叛。

可即便是背叛，苏小姐依然三年没有再交过男朋友。她说她不期望跟前任破镜重圆，只是还没遇到合适的人，偶尔会想起他。

爱情这东西，过去了就是过去了，何必为一段已成往事的爱情，留一个见证忠贞的保质期。既然分手了，人家也已经有了新欢，你憔悴给谁看？你忠贞给谁看？难道在某个孤单的夜晚，对他说"我过得很好，只是偶尔会想你"就能感动他？恐怕只能打扰了别人，恶心了自己。分手后长时间不谈恋爱，是对前任的背叛最大的不尊重。

苏小姐说，虽然她单身，但从未想过用它证明什么，只是，曾经那么真真切切地爱过一个人，现在不敢轻易地用另一种方式开始，而是想要以类似的方式再来一场轻车熟路的爱情。

事实上，无论是男人还是女人，只要曾经真切地爱过一个人，年纪越大就越难再全心全意地开始另一段感情，更不可能再上演一场类似的爱情。每一个年龄阶段，都有相对应的方式去对待那个时候发生的爱情，又何必执拗于过去？尝过爱情甜与苦的我们，以前也许会因为不知道他几点下班，就花两个小时等在他下班的路上，只为给他一个惊喜；现在，我们会问清楚他几点下班，然后用这两个小时，吃一顿美食，看一场电影或者睡个美容觉。

爱情并不是什么定理、公式，没有固定的解题方法，在同一个地方跌倒两次，而这两次刚好都被你碰到的概率能有多大？爱情更像是一道"那次……然后……现在……以后……"的造句题，你在省略号中随意填写你喜欢的桥段，都有可能得到幸福的果实。也许你逃不开回忆，渴望重新上演一段相似的剧情，可是，又有谁会心甘情愿地成为别人的替代品，何况即便真有人愿意，又有谁能保证结局就一定皆大欢喜？

　　所以，女人一定要对自己好一点，爱就爱得轰轰烈烈，分就分得彻彻底底。分手后，夜深人静的时候想他想得流泪不是痴情，为了他一直单身也不是爱得忠贞，而是傻得天真。在爱情的世界里，谁也不是谁的唯一。碰到刮风下雨的时候，哪怕看到伞下的情侣，也别再怀念那些他为你遮风挡雨的日子，更别说什么你早就忘记他了，只是偶尔会想起他，这不是矫情，而是犯贱！

# 那些讨好的伎俩，我早已看穿

你爱的人是否也曾这样？深夜醉酒归来衣服上有其他香水味，他说是同事之间的玩笑；他打牌输钱后，怕你生气，只好买了一束玫瑰讨好你；你生日的最后一刻，他才发来祝福短信，明明是他差点忘记了你的生日，他却说这是他特意营造的惊喜。

越爱一个人，越会迁就他。因为爱他，便给他安排一条特别的底线，一项没有棱角的原则。其实，很多时候，他那些自以为天衣无缝的辩解，早已被你看穿。

爱一个人，有时候明知道他在骗你，却忍不住相信，宁愿不去怀疑。

远房表妹悠悠的男朋友长相一般、工作一般，就是一张嘴特别能说。悠悠爱上他，也正是因为他的幽默，无论什么时候，他都能把悠悠逗得哈哈大笑。悠悠说，自从跟他在一起之后，她也差点成了朋友圈里的段子手。

我见过悠悠的男朋友一次，确实是一个很有趣的男生。但是作为爱人，我总觉得他跟悠悠并不般配。悠悠是独生女，涉世未深，像一张白纸，而那个男生短短几年换了三四个女朋友。我认为，一个频繁换女朋友的人，通常都喜新厌旧。

两个人在一起一年，甜蜜了半年，吵了半年，最终以分手告终。

生活确实需要一点幽默来当调味剂，但生活本身并不幽默。悠悠说，刚恋爱那会儿，他们幸福得不行，他有一张神奇的嘴，再无聊的东西，在他的解说下，都能美得像花一样。所以，再明显的过错，他也能表述得理所应当、错不在己。

他借口加班，去跟别的女生约会，没被发现，就买一份夜宵回家，向悠悠表达自己的关爱；被发现了，就说是商务应酬，是为了悠悠以后的幸福。吵架了，摔门而去，留下悠悠一个人在房间哭泣，他在外花天酒地之后，买一束玫瑰回家，跟悠悠说，他离不开她。

但凡爱情，难免磕磕碰碰。很多时候，我们之所以会觉得自己放不下一个人，离不开一个人，不过是因为只有他懂你的小脾气、小固执，只有他能让这些磕磕碰碰名正言顺地以爱的名义收尾。无论是闹别扭后的拥抱、吵架后清空的购物车，还是遗忘纪念日后迟到的礼物，那些爱的伎俩，其实你早就习惯，只是不愿说破。

前段时间，一个多年不联系的朋友突然找到苏爷，先是嘘寒问暖，然后回忆当初一起比稿、拼字的过去，又对苏爷这几年写的文章，发的朋友圈各种称赞，一口一个苏老师，就差把苏爷当神一样膜拜了。

多年不见的老朋友突然造访，绝不会是空穴来风。后来苏爷才知道，那位朋友参加了一个征文大赛，不知道从什么地方拿到了评委名单，里面有苏爷的名字。

几年前，我在北京工作，有一个同事一进公司就对我百般殷勤，夸我写的文案有深度，为人很亲和，穿着很新潮，甚至帮我订快餐，丢垃圾。我当初还窃以为是自己的气场、魅力强大到连男人都能征服，后来才知道，因为那段时间我刚好跟着副总裁做一个项目，他误以为我很有来头。

无论是工作还是生活，我们总会有一些讨好的小伎俩，比如与父母争执后，买来两袋新鲜的水果；与爱人争吵后，做一顿爱心早餐；与朋友生疏后，偶尔请对方吃顿饭；与同事有了矛盾，说话几句不痛不痒的赞美之言。

人与人之间，很多时候需要一些圆滑来避免摩擦出不必要的火花。不管面对什么人，都不必过于介意他们那些讨好的小伎俩，如果无害就微笑接受，如果有害就微笑躲开，哪怕你早已看穿。

# 不要因为你的无知，毁了别人的幸福

有一种人，他们热衷于对别人的生活进行评判。比如，他不爱看书，就告诫你看书不能当饭吃；他用工作之外的时间创业、旅游、运动，看到你宅在家里玩游戏，就告诫你不要浪费生命。仿佛只有他是真理的化身，一切与他的观点背离的都是不听好人言，死路一条。

也有一种人，一个学生通过努力拿到全额奖学金去国外名校留学，他觉得国外学校不看分数，有钱就能上；一个女生毕业两年辛苦拼搏终于当上企业高管买车买房，他觉得她肯定是傍大款了。他从来不管生活的细节，却习惯对别人的幸福指手画脚，觉得他们的幸福都是偷来的。

兼职快车司机小陈，家里有好几套房，每个月收的房租就上万。他兼职开车，是想和各行各业的乘客聊天，获得他们对他服务态度的赞美，他说他每次获得好评，都觉得很有成就感。

有次，他在上班高峰期接了一个单，因为客人不知道自己的位置，他花了半个小时找到客人，从接到客人到送到指定地点，因为堵车，14千米的路走了1个小时，结账单显示的是需要客人支付42元。客人觉得，路程只有14千米，付21元就够了，他想不通为什么要付那么多，就给了小陈差评。

因为工作缘故，我经常打车，也认可司机在高峰期和拥堵路段的加价约定。有时候，在遇到拥堵路段的时候，我会让司机停路边，最后的几十米我走过去，不必让他转弯后堵在路上浪费时间，毕竟大家都是出来讨生活的，都不容易。

我常常遇到很多"过来人"苦口婆心地教育我，比如我喜欢下班后写写字、打打球，他们告诉我一个人是否成功取决于下班后的时间，然后给我讲很多励志故事。可是，你觉得多挣几千块钱、多交几个朋友是幸福，我觉得多写一篇心动的文章，多出几个小时的汗才是幸福，不对吗？

生活中，并不是每一个人都渴望成为富豪，渴望事业有成，如果有一天我在喜欢的领域里丢了人，也只是生活跟我开了一个玩笑，并不意味着我的生活是一个笑话。

单位里有一个女同事欣姐，热衷于给其他同事当爱情参谋，前段时间，小苏对欣姐说她想跟一个喜欢的男生表白。欣姐说女生一定要矜持，喜欢一个人可以暗示，但绝对不能主动表白，要不然在日后的生活中会吃亏。欣姐说她看过太多主动表白的女生，最后都没有什么好结局，在爱情里，女生越主动，主动权就越不在自己手中。

小苏听了欣姐的话，对该男生进行暗示，等该男生有爱的反馈的时候，小苏又高冷地表示拒绝。没过多久，男生就牵起了别的女孩的手。男生说他其实一直喜欢小苏，只是喜欢久了，被拒绝久了，就累了，死心了。

欣姐说，真正的爱是经得起考验的，他变心了，说明他不是真的爱小苏，没有跟他在一起，也是小苏的幸运。

爱情，虽然需要考验，但是如果连希望都没有看到，考验还有什么意义呢？我想，每个人身边，都会有那么几个情感向导，当你遇到一个喜欢的人时，他们会突然跳出来，用他们的经验告诉你该怎么做。

可是，他们说的都是对的吗？

无论是爱情还是生活，身边总有人喜欢扮演先知，他们告诉你要怎么活才叫精彩，要怎么爱才会幸福。他们没有驾照却告诉你车要怎么开，不会打球却告诉你怎样才能把球打好……虽然有时候他们过于热忱，但是更多的时候他们习惯了用骄傲去掩盖自己的无知。

在自己不擅长的领域，何必打肿脸充胖子，误导别人。有时候，可以微笑也可以沉默，毕竟没有人会嘲笑一个做文案的人看不懂建筑设计图。这个世界，并不是懂了一点道理，就有资格导演别人的人生。每一个人的生活都是独立的，都可以有自己的精彩，所以，不必用你的无知去伤害别人的幸福，更不必因为别人的无知，毁了你原本应该拥有的幸福。

# 当你识趣的时候，别人才觉得你有趣

当你喜欢上一个人，喜欢得不得了，可是无论你怎么努力，他始终对你不感兴趣，甚至明确说不喜欢你时，你会怎么办？苦苦纠缠让他给你机会，说无论多久你都会等他，还是面带微笑地离开？

当你需要朋友的帮助，仔细斟酌了很久才决定开口，朋友却只能帮一点点，甚至是爱莫能助时，你会怎么办？千方百计让朋友多帮一点忙，在背后中伤朋友不够地道，还是面带微笑地离开？

当你向亲戚推荐产品时，你觉得产品简直是为亲戚量身定制的，而亲戚表示他现在不需要，你会怎么办？拿亲情当借口强买强卖，拿下次不给他推荐为托词让他勉为其难地买下来，还是面带微笑地离开？

现实生活中，常常会看到很多优秀的人得不到认可，善良的人得不到赞赏，为什么呢？

　　小白刚进公司时，因为没什么工作经验，又是老板介绍的人，大家都对她格外照顾。

　　职场上，其实在非关键领域，最喜欢的是像白纸一样的新人，最讨厌的也是像白纸一样的新人。

　　小白就是这样的白纸，从小娇生惯养，学业一帆风顺，找工作轻而易举，小白这张白纸是自带光芒的白纸。因为本来的工作含金量不高，入职后的小白很快就进入了工作状态，也和同事打成一片。可是，不到三个月，小白却发现，整个公司，没有几个人真心跟她交往。

　　有一次公司聚餐，在酒桌上，小白说自己不会喝酒，用椰汁代替酒跟部门领导干杯。

　　随着聚餐氛围的高涨，玩得很开心的小白，不自觉地跟坐在她旁边的C先生一杯接一杯地喝酒。领导问她，敬酒的时候为什么不喝，太不给面子了。小白说，她可不是随便跟什么人都喝酒的，领导的脸色霎时就变了。之后，小白给领导敬酒，碰完杯等领导喝完后，小白又说，领导是前辈，所以领导应该干了，她可以随意。

　　吃饱喝足后，大家按惯例AA制，小白又不愿意了，她说她今天一定要买单。哪怕大家最后一致认为要AA制，小白还是不管不顾地买单了。她说她已经习惯了，认识她的朋友都清楚，反正她不缺钱花。

　　正是那次聚餐，小白打着向前辈学习的借口，加了C先生的微信，一来二去就喜欢上了C先生，奉行"爱就大胆说出来"的小白，找了个合适的机会跟C先生表白，C先生已经有女朋友了，明确告诉小白他不可能接受她。小白觉得，只要C先生没有结婚，她就有机会。她每天上班都给C先生带小点心，找各种机会和C先生待在一起，这让C先生很苦恼。终于，在女朋友的逼迫下，C先生选择了辞职，并且断绝了跟小白的一切联系。

小白很苦恼，论长相，她不在C先生女朋友之下，论家境，更不用说，可为什么C先生不接受她呢？

相信你身边也有像小白这样的人，总以为自己高人一等，就觉得自己的所作所为都没有问题。在背后说别人的坏话，当成八卦和幽默的谈资；在不喜欢的人面前，尖锐地表达自己的观点，当成自己的态度和个性；为人处世带着锋芒，懒得去顾及别人的感受。总之，他认为所有人都要顺从他。

在爱情里，你可以很主动、很努力，但千万别表错了情，用错了方式。在你看来，你是在全心全意对他好，用你的方式去赢得他的好感。可是，如果他正在和别人热恋，你的出现只会给他带来苦恼。

在职场中也一样，待人接物本身就有很多规矩，要想有个性，要想有话语权，首先你得有能力去匹配。领导敬酒你不喝，领导不喝你强迫，给你面子你不要，给你一根竹竿你真往上爬，这就不是个性了，是不识趣。

在人生的道路上，得理不代表不饶人，识趣的人，哪怕你站在正义的高峰，也会给别人留一个台阶；深爱不代表不放手，哪怕你已经付出了所有，识趣的人，从不喜欢鱼死网破，会给自己留一条退路。

其实，人与人之间的交往，无论亲疏，都有一个尺度。敬酒，你可以不喝，但不必故意不喝；聊天，你可以沉默，但不必故作高冷；恋爱时，你可以执着，但不必纠缠不清；成功了，你可以庆祝，但不必小人得志。

无论是生活还是爱情，识趣的人往往能锦上添花，无趣的人常常会画蛇添足。而只有当你识趣的时候，别人才会觉得你有趣。

# 他都左右为难了，你还等什么

乔子和男朋友闹分手闹了将近一个星期，终于忍受不了，又跑回去道歉。乔子觉得，爱情这种事，最重要的是在一起，不然争赢了又能怎么样？所以，总有一方要先低头，谁先低头并不重要。

这次闹分手，是因为乔子在男朋友的微信里发现了他跟一个陌生女人的聊天记录。

陌生女人说："我想你了。"

男朋友说："别闹。"

虽然只有这么一小段对白，但足以触动乔子那颗敏感的心。她质问男朋友这是怎么回事，男朋友只是简单地解释了一句："如果你相信我，就别再追问了！"

乔子哭闹了一个多小时，男朋友抱了一下她，平静地说："乔子，我觉得我们都需要冷静一下！"

然后，男朋友拍了拍乔子的肩膀，走开了。

恋人之间起了争执，无非两种结果：想通了，和好如初；想不通，分道扬镳。

乔子冷静下来想了想，觉得自己太过敏感了，不就是一小段暧昧对白吗，这其实证明不了什么。更重要的是，她发现自己没有勇气离开男朋友，她跟男朋友相处两年了，早已把男朋友当成自己的依靠。

乔子周末不想起床，男朋友买来早餐后，笑着说就喜欢看她慵懒的样子。

乔子不喜欢做家务，男朋友把家里打扫得一尘不染，说愿意为她打造一个舒适、干净的小窝。

乔子晚上睡觉要开灯，男朋友说她可爱得像个小女孩，让人忍不住去保护。

乔子看爱情剧哭得一塌糊涂，男朋友说她是个柔情、心软的姑娘，必须用一辈子去疼爱。

有一个如此宠爱她的男朋友，乔子又怎么舍得分手呢？所以，她最终还是"想通"了，主动跟男朋友和好如初。

可是，所谓"和好如初"，只是乔子单方面的想法，男朋友似乎并不这么想。

男朋友说，他相信自己肯定是爱乔子的，只不过，他的身边出现了另一个女人。两年时间，他跟乔子之间的感情已经归于平淡，有的只是责任和习惯，而那个女人让他有心跳加速的感觉。

这之后，男朋友一边关心着乔子，一边又和那个女人保持着联系。

爱情最能让人学会换位思考，乔子说，她能体会到男朋友不忍心抛下她，同时也割舍不下那个女人的复杂心情。为了不让男朋友左右为难，她决定暂时忍耐。

对于女人来说，当身边有更好的男人出现时，会心动、会心乱，但真正让她做出选择的，往往不是她更喜欢谁，而是谁对她更好。

对于男人来说，当身边有更好的女人出现时，会心动、会心乱，但真正让他做出选择的，往往不是谁对他更好，而是他更喜欢谁。

在男人的世界里，爱你，就会把你当成他工作和奋斗的出发点和落脚点。认定你了，心里就只有你一个人。

如果有一天，你们的爱情出现了第三者，请一定记得先给自己留一条退路。爱情需要两个人共同经营，而不是一个人顾自付出，他都左右为难了，你不趁早离开，还等什么呢？

# 最后你不是也没有嫁给他

凌含刚到赵先生的婚礼现场，就给我打电话，幸灾乐祸地说赵先生的眼睛是不是瞎了，怎么娶了一个那么丑的女人。

我知道凌含的潜台词："当初你赵先生不是觉得我不够好，想要寻找更美丽的人生和爱情吗，可现在呢，这是眼睛长后脑勺上了，大白天掉沟里了吧？"

凌含和赵先生都是我的大学同学，他俩大二时开始相爱，毕业后，顺理成章地同居了。

爱情一旦涉及柴米油盐，双方又都不愿意迁就彼此时，矛盾就会日益加深。

赵先生跟我诉苦的时候，我觉得有理有据；凌含跟我诉苦的时候，我也觉得无话可说。他们各有各的想法，无论是她觉得他穿西服更好看，还是他觉得自己穿休闲装更舒服；无论是她觉得自己穿超短裙更迷人，还是他觉得她穿长裙更得体……总之，原本有共同兴趣和理想的两个人，最后还是败在了细节上，走上了分手的不归路。

凌含说："三年了，终于分手了，终于脱离苦海了，终于可以过上自由的生活了。"

我问凌含："跟赵先生分手，你觉得你赢了吗？"

凌含说："我算是输了他一个，赢了整个人生。"

赵先生也是这么说的，他说他输给了凌含，但赢得了一个美好的未来。

凌含说，赵先生曾答应她，毕业后要租一个大房子，养一条金毛犬，可毕业后租了一间十平方米的次卧，连阳台都没有，卫生间和厨房都是公用的，自己都快养不活了，还养什么狗。赵先生曾答应她，等工作稳定后，就买一套房子，哪怕小一点，也要给她一个家，可现实是工资比工作稳定，别说买房，连租一套单身公寓都略显窘迫。赵先生曾答应她，他二十六岁时娶她回家，至今，一个假装忘记，一个不肯主动提起。

分手后，凌含以工作为重，不到一年时间就成为职场新女性。赵先生也不落后，分手后不到半年，又交了一个女朋友。

我问凌含："赵先生交女朋友了，你伤心吗？"

正在苦心经营事业的凌含，很平静地说了一句："我祝他们幸福。"

"我祝他祖宗八代都幸福！"凌含说完又加了一句。

爱过的人，总会有那么一些心疼；伤过的人，总会有那么一些不甘。

凌含说："其实分手后，我们也不像是仇人，也会偶有联系。赵先生在交新女友之前，还让我帮他把把关。说实话，那个姑娘确实很优秀。"

分手后，不像仇人偶有联系又怎么样，你过得好，你敢跟他炫耀吗？你过得不好，你敢跟他倾诉吗？况且，炫耀了，倾诉了又怎么样？

凌含说，顺其自然的爱情不一定会有好结果，可爱情却又不容不得半点勉强。爱就是爱，不爱就是不爱，中间地带往往让人最无奈、最痛苦。所以，后来她慢慢地想通了，哪怕他再交新欢，也不做任何评价，只是高兴的时候祝福他们百年好合，不高兴的时候诅咒他们早点去死。

凌含说，哪怕爱有多深，承诺有多真，赵先生最终不是也没有娶她，她不是也没有嫁给赵先生吗。

是啊，我作为他们感情经历的见证人，当初也相信他们一定会白头偕老，可最终呢，他们分道扬镳了。

# 如果不是请客，就别让朋友买单

　　果汁刚工作时，因为长相甜美、生性乐观而深得同事们的喜爱。比如，她不知道表格公式，A同事热心地一遍又一遍教她；比如，她不知道酒店、餐厅的预订电话，B同事殷勤地帮她预定；比如，下雨天她没带伞，C同事把自己的伞借给她。

　　年轻漂亮的女孩，总能成为职场的香饽饽，能轻易虏获男士的心。果汁也不例外，无论是跟她同为新手的D先生，还是比大她五六岁的F主管，都对她格外关心。

　　D先生入职时跟果汁同一天面试，入职后又跟果汁分在同一个部门。初来乍到的员工通常都会"抱团取暖"，因为果汁经常上错公交车，顺路的D先生上班、下班都会等她；因为果汁爱吃零食，D先生经常给果汁买各种小零食。不过，果汁觉得总是这样麻烦D先生毕竟不好，就委婉地拒绝了D先生的好意。

F主管是果汁的直属上司，果汁入职后，因为性格开朗，不到半个月就让部门的工作氛围焕然一新。同事们都说，自从果汁来了之后，部门的精神面貌变好了，连福利都变好了。为此，F主管经常单独请果汁吃饭，果汁去了一两次之后，就再也不敢去了。

被人疼爱着的女人是幸福的，不过果汁认为，被爱和接受男人的爱是不一样的。无论是对D先生还是对F主管，果汁的心里都只有同事之间的感情。既然不爱，也从未想过接受他们的爱，那凭什么享受他们爱的馈赠？

无论贫富美丑，都会有那么一个人，在一定的时间出现在你的面前，如果你不喜欢，请以朋友的名义相处，毕竟谁也没有义务为你的生活、为你的幻想买单。爱情最可怕的，并不是爱上一个不该爱的人，而是那个人以爱的名义，挥霍你的时间、金钱和感情。

阿木家境一般，大学毕业后在一家传媒公司做文案，基本上不加班、不出差，没有业绩压力，当然，工资也不高。不过，有趣的是，阿木在她的朋友圈里算是过得不错的。她经常在微信里晒各种美食和各种夜生活，朋友们都羡慕她，说她不是在喝酒就是在去喝酒的路上，不是在夜店就是在去夜店的路上。

阿木是怎样过上这种逍遥自在的生活的呢？原来，她觉得，如果不能靠自己的双手过上自己想要的生活，就必须靠别人，比如把朋友当成提款机、冤大头。朋友没人陪，她刚好有时间，双方各取所需，有何不可？

　　生活中，总有一种人，吃饭的时候最积极，买单的时候最拖沓，每次吃完饭后都说"下次我请你"，但从来不请。朋友之间的情谊是需要经营的，今天他请你吃海鲜大餐，明天你请他吃蛋糕甜品，礼尚往来的重点从来都不在于"礼"的轻重，而在于是否有"往来"。那些占了一时便宜的人，终将失去一群朋友。

　　朋友之间的交往其实都是平等的，无论你是达官贵人还是市井小民，他有钱，不代表他有义务替你买单；你没钱，也不代表你有权力让他买单。无论是生活还是爱情，如果不是他请客，就别让他买单；如果你不爱他，也别让他买单。

## 要么大胆表白，要么果断滚开

爱上一个人，真的不需要任何理由，他的一个眼神、一个微笑，足以让你沦陷。

不爱一个人，也不需要任何理由，说他长得矮，皮肤黑，工作一般、家里没钱，不过是因为你不爱。

爱情，是最没有道理的事情。

S小姐问我，她爱上了她的男同事，但是他有女朋友了。男同事的女朋友跟他已经相恋六年了，但是S小姐最近经常听到他们在电话中争吵，S小姐觉得他们似乎并不幸福。也许吧，一个事业单位的员工和一个高中学历的打工妹，怎么看都不般配。

可是，爱情，从来是不分贵贱的，爱上了，哪怕你是个乞丐，哪怕你缺胳膊少腿，也还是会爱。每一段爱情，无论结局是喜是非，也都有一段不为人知的幸福过程。

我问S小姐，她想怎么办？

S小姐说，当小三，她觉得自己没那么贱，拆散他们，她又觉得不道德，祝福他们吧，她觉得自己没那么伟大。

在爱情故事里，每一个被爱的人，都是有知情权的。假如你只是偷偷地爱着一个人，你的真心也只能感动自己；如果他无意间伤害了你，那么，你的真心也给了他不必要的内疚和自责。

其实，并没有那么复杂。如果你爱的那个人，他们还没有结婚，他们还没有家庭，那么，爱，就大胆表白，不爱，请果断离开。

无论他们爱得有多幸福，或者有多痛苦，你顾影自怜地祝福和怜惜，对他们爱情的生死存亡并没有任何作用。相反，大声地说出你的爱，给他一个选择的权力，才是你爱的义务。

如果他选择了你，离开了现任女友，那么，恭喜你赢得了自己的幸福；如果他选择继续与现任女友走下去，拒绝了你，那么，也恭喜你斩断了不该有的奢望。

如果他，既选择了跟现任女友在一起，又舍不得你离开，那么，你赶紧走吧，不管他嘴里说的是爱你还是什么，都不要相信，一个爱你的男人，断然不会为了照顾别人的情绪让你等待，更不会让你在合适的时候出现，不合适的时候离开。

如果你爱的那个人有爱人了怎么办？就这个话题，我做过一次调查，有人说，以朋友的身份，祝他们幸福；有人说，把那份感情藏起来，不打扰。

　　我觉得，真的，如果可以，别去爱那些身边有爱人的人。如果不小心爱上了，请趁早给自己一个明白的结局，要么大胆表白，给自己一个幸福的机会，要么果断离开，给别人一个幸福的空间。

永 远 别 放 弃 做 个 有 趣 的 人

# PART C

## 活得有趣，比一切优秀更重要

所有的桂冠、头衔、名号，多半是外人给的，也是给外人看的，只有内心的
充盈、温暖和感动，才是你变得优秀的真正意义。对于我们大部分人来说，
活在别人的目光里，其实是一件很悲哀的事，与其如此，不如抛下那些世俗
的枷锁，试着活出真正的自己。

# 当你的选择配不上你的身份时

看过很多励志故事，每个成功人物，似乎都有过一段凄惨的经历，比如睡过马路、天桥、地下通道，比如睡过厂房、通铺、商厦广场，比如租过地下室、平房、单身公寓，最后功成名就，搬进豪宅。

听过很多北漂、沪漂、深漂的朋友讲述有所成就之前的生活，比如没钱的时候一天只能啃一个白面馒头，比如住连窗户都没有的隔断房，苦难催人上进，一步一步学会一身的本领，才有了炫耀的资本。

可是，人生真的用得着那么拼吗？

A先生和C小姐是一对情侣，跟别人合租了一套房子，两人计划先租一年，等一年后，工资涨了，再换一套单身公寓。一年后，A先生和C小姐的工资都涨了一些，两人合起来至少也有五六千。他们决定搬家，可是找了很久，不是房子不够好，就是价格太贵。

好不容易找到一套生活便利、交通方便、价格适中的房子，C小姐交完订金后，考虑了一夜的A先生不同意了。

A先生觉得，在外拼搏挣钱不容易，房子只是一个睡觉的地方，何必浪费钱呢？拿出超过薪水的三分之一的钱去租房，怎么能存下钱？怎么买车买房？怎么有余钱孝敬父母？怎么去赢得一个美好的未来？

C小姐觉得，在外打拼是为了什么？不就是想要一个更好的家吗？这个家，不只是一个睡觉的地方，而是拼搏的港湾，是休憩的家园，是一个洗澡、上厕所不用排队，可以穿着睡衣乱逛，偶尔发神经的地方，是一个只有两把钥匙，你一把、我一把，专属于两个人的空间。

不是所有人，都有创业的气魄或者一夜暴富的运气，大部分人只是按部就班地生活、工作。刚毕业的时候，领着两千元的工资，合租一个单间，无可厚非；工作一两年后，领着五六千的工资，换一套单身公寓，又有何妨？

见过很多的朋友，在拼搏的道路上，为了省几百块钱的房租，他们住着地下室，住着终年无光的暗房，房间脏乱得不成样子，出门却喷着香水，西装革履；为了多交几个朋友，他们喝酒、唱歌，哪怕信用卡已经爆掉了几张，依旧面带微笑，春风得意。

真的有必要这样吗？

思思是一个商场导购，工资高的时候五六千，少的时候拿一千多元的基本工资。她租了一套单身公寓，每月租金两千。思思的朋友劝她说，何必花这个冤枉钱，就一个睡觉的地方，租个单间不就行了？

思思说，她讨厌跟别人合租，虽然房租贵一点，但是住得舒服，至少不会被打扰。她讨厌为了几毛钱电费、水费而引来的计较，讨厌半夜隔壁传来看电影的杂音。本来是一个可以休息，放松身心的地方，何必为了几百块钱徒增烦恼？

身边有很多从五湖四海来到同一个城市为梦想打拼的朋友，他们不愿意把自己租住的房子称之为"家"，哪怕是邀请好友来做客，也不愿意说"到我家去"，而是说"去我住的地方""去我宿舍"。

可是，对于每一个长年漂泊在外的人来说，故乡是第二个家，这里才是第一个家。你在这里欣喜过，失望过，憧憬过，挣扎过，笑过，痛过，哭过，迷茫过，它见证了你默默无闻的岁月，也是你迈向辉煌的起点，你又有什么理由拒绝承认它的身份呢？

这个世界，并不会因为你穷，就看低你的人格，要求你得住地下室、睡通铺，恰是因为明明可以吃面包，你啃着馒头；明明可以住公寓，你住地下室，别人才会低看你。并不是每一个人，都梦想着富甲一方，或者要有诗和远方，总会有人想要的只是简单和心安！无论是地下室、单身公寓还是别墅，当你的选择配不上你的身份时，你才是真的穷。

# 活得有趣，比一切优秀更重要

生活中，从来都不缺乏优秀的人。比如，同一个方案，你需要花一天的时间完成，他只需要一个小时，他的能力比你强；同样是吃早点，你吃豆浆油条，他比你多加一个茶叶蛋，他的生活比你优质；同样是上下班，你只能挤公交，他可以打车或者自己开车，他的日子比你舒服。

几年前，我和小多同样以实习生的身份进入公司，任职实习创意。第一周的工作，是搜集各种品牌的slogan（广告语），再精练出200条跟公司品牌有关的。小多学的是传媒，对这项任务驾轻就熟，基本上，每天只需要花两个小时就能完成，剩下的时间，就跟前辈学习项目方案。

我学的是中文，对广告其实一窍不通，只能从字面上入手，每天至少要花五六个小时，才能精练出50条能打动我的slogan。找到特别好的故事，我就会迫不及待地跟小多分享。小多通常微微一笑，说这些故事她在课本上都学过了，并不稀奇。

一个月的实习期后，我和小多都顺利转正。小多因为出色的工作效率和执行能力，定岗的时候比我高一级。小多做事情很有规划，比如早上十点前做计划，十点到十一点联系客户，十一点到十二点搜集相关材料，下午两点到三点半开讨论会，三点半到五点做方案或者创意报告，五点以后做工作总结。

不到半年，小多成为部门副经理，也是公司有史以来，在最短时间内从一个新人晋升为副经理的人，而我还在原来的岗位上默默努力。与此相对应的，是我跟她的话题越来越少，约她一起去看小剧场，去健身，去喝咖啡，她都没空。她要么说她正在加班，要么说她准备见客户，总之，我很少见到她闲下来。

半年后，我因为个人职业规划，辞职跳槽到一家杂志社，跟小多的联系越来越少，偶尔约出来吃顿饭，不到两个小时的饭局，她要接十几个电话，和我说话的时间基本上不超过半小时。

我问小多，有必要这么拼吗？

小多很无奈地说她也没办法，在其位谋其事，信息化时代，瞬息万变，她要是不努力让自己变得更优秀，很容易被别人取代。她现在几乎没有业余时间，全都泡在工作上了，连谈个恋爱，甚至看场电影的时间都没有。她其实也很想休息，但是一想到别人都在加班、都在充电，而自己还不够优秀，还没到可以休息，可以任性的层面，就不敢让自己停下来。

工作，就一定要比所有人都优秀吗？

也许你文案写得漂亮，但是表达能力不如别人；也许你思维非常活跃，但是不够冷静沉着；也许你业务能力很强，但是管理能力一般；也许你在职场上能运筹帷幄，在生活上却不能自理。世界上，没有任何一个人是万能的，不会享受过程的人，再大的成功其实也是不完美的。

两年后，小多辞职了。她说她累了，她说她觉得生活没有目标很可怕，但如果生活只有目标，那更可怕。聊起工作，她说她很羡慕我现在的生活状态，羡慕我和我的同事可以为了一篇稿子争得面红耳赤，为了一个故事哭得声泪俱下。而她，早已厌倦了只有"执行、效率、结果"的生活了。

这个世界上，有无数的人想成为人上人，为了实现这个目标，他们的眼里只有结果。可是，人生短短数十载，穿越都市的繁华，如果你的眼光始终只是望着前方，那沿途再多的风景，都是虚设。

相信每一个人都希望自己变得更优秀，只是相较于优秀，我更喜欢品味寻梦路上的那些风景。比如把心放空后的一杯下午茶，而不是脑子空白后不得不喝的提神咖啡；比如在沙发上慢慢地品读一本书，而不是在办公桌前焦急地写项目方案。

所有的桂冠、头衔、名号，多半是外人给的，也是给外人看的，只有内心的充盈、温暖和感动，才是你变得优秀的真正意义。对于我们大部分人来说，活在别人的目光里，其实是一件很悲哀的事，与其如此，不如抛下那些世俗的枷锁，试着活出真正的自己。

做一个优秀的人，不如做一个有趣的人。对于我们来说，活得有趣，真的比一切优秀重要多了。

# 我为什么要跟你平起平坐

你是否记得刚刚步入职场时，自认为有经天纬地的才能，却干着端茶倒水的活。你辛辛苦苦加班加点完成一个项目，同事说你爱出风头，吃饱了撑的。碰到好事，你总是最后一个被想起；碰到苦差事，你总是第一个被推出。你觉得社会太残忍，但也只能忍。

你是否察觉到，多年后的你，领着丰厚的薪水，却干着插科打诨的活，碰到加班、出差，能让新人上就让新人上，但凡新人有一点小差错，总以过来人的姿态苦心教导。碰到好事，总是把自己放在第一个；碰到苦差事，总是把自己留到最后。你觉得上天必须善待曾经奋斗的人，曾经在哪里跌倒，现在就要在哪里享受。

几个月前，名牌大学毕业的研究生小安被某公司录用。小安在逻辑思维、业务水平、表达能力等各方面都让公司老总很欣赏，为此，老总直接给了她副经理的岗位。上岗后，小安没有让老总失望，按他的部署，对公司现有的产品、流程、制度等进行重新梳理，并提出整改意见。虽然意见有一些理想化，但也有很多可取之处。

不过，哪怕小安帮同事们订外卖，请同事们喝饮料，也没有赢得他们的好感，同事关系并不融洽。

小安问我，如果她的努力，换来的是别人的排斥，那还需要努力吗？

对于职场新人来说，一种是纯粹的新人，长相一般、能力一般，通常被"虐"得很惨；另外一种是空降兵，以能力取胜，通常会被孤立。小安觉得，她一来公司，就成了老员工的上级，他们心里多半会不服气。可是，因为别人的不服气，所以你就得服软吗？如果你能力出众，凭什么要从底层爬起，公司高薪聘请你，不是让你来端茶送水的。

A君是排斥小安的老员工代表，他问老总，凭什么他辛辛苦苦为公司奋斗了这么多年，薪资和刚来的小安一样。老总没多说什么，而是把小安用一周时间做出来的方案和A君花了一个月做出来的方案递给A君。

A君觉得，方案差不多，凭什么团队要让新人小安负责？

老总说，就凭人家小安做方案比A君用的时间少。

不知道你在职场中有没有遇到过这样的人，他们倚老卖老，能力稍好的时候论能力，能力不足的时候论资历，只要你是新人，就必须接受他的教导。不知道你在生活中有没有遇到过这样的人，聚餐从不买单，聚餐前你不通知他，他骂你不够意思；轮到他求你办事时，如果你不帮忙，他又说你摆谱。

可是，我凭什么要听你的"教导"？凭什么要给你帮忙？

你选择了停步不前，却要求我不能后来居上；你不愿付出代价，却想坐享其成。凭什么？别人辛苦奋斗，通宵达旦做方案、改方案，凭什么最后的果实要分你一杯羹，不分还不对？

龙龙是我的一个远房表弟，独生子，从小家里宠得要命，大专毕业后换了好几份工作，辞职后在家玩了半年。前段时间突然打电话给我，让我给他介绍一份工作。我问他，之前都做过什么？有什么技能？喜欢什么样的工作？他说，什么都做过，没啥突出的技能，玩手机游戏比较厉害，对工作没有什么要求，只要福利好、待遇好、工作轻松、不加班就行。

后来我才知道，他之前的几份工作，都是跟同事、领导斗气才辞职的，比如同事让他帮忙订餐，他不干；领导让他周末加班赶一个方案，他不干；上班玩游戏被抓到，被领导批评了几句，他立马就辞职了。

我问他："你为什么总是这也不干那也不干？"

他说："凭什么呀？给他打工，并不意味着我就比他低一等，更不意味着他就可以指使我、批评我！"

少年，你以为普天之下皆你妈，每个人都要宠着你？这个社会，谁给你工资，你就要为谁做事，要不然他还不如把钱给路边乞丐，至少人家还会说声谢谢。

　　我见过很多人，他们自诩能妙笔生花，实际上却腹无诗书，碰到问题，第一反应是"凭什么要我做"；他们闲聊时口若悬河，工作时却错漏百出，出了问题，第一反应是"又不是我一个人的错"。

　　可是，如果你不做的、你做错的，别人圆满地完成了，那别人凭什么纡尊降贵地跟你平起平坐？你不努力，自然会有人超越你；你能力好，又何必停下来等待。

　　每个人都有自己的位置，如果有一天，坐二等座的他看不惯睡商务席的你，不必讶异或觉得自己高调，而是应该反问他：我早晨六点起床、凌晨三点睡觉的时候你在哪儿？我周末加班、假期出差的时候你在哪儿？我被领导骂得狗血淋头、被客户损得一无是处的时候你在哪儿？我的杰出是用汗水与努力奋斗得来的，你的平庸是因好吃懒做碌碌无为造成的，所以，你没有资格看不惯我，我也不必跟你平起平坐！

# 得到的和想要的对不上号又怎样

你是不是常常感到疑惑：为什么你那么努力，结果却总是不尽如人意？为什么你那么努力，梦想却总是遥不可及？

努力是一回事，生命的给予又是另外一回事。

阳先生认为，拼搏的意义不在于最后得到了多少掌声，而是在于拼搏的过程中对细节的感悟。阳先生的人生很是传奇，上天似乎对他特别的"优待"，无论他想要什么，最终都不会让他得逞。

上小学时，他努力了很久才当上护旗手。谁料，在上千名同学的注目礼下，因为太紧张，把国旗升反了。事后，他被取消了护旗手的资格。

初中就立志成为篮球队长的他，到了高中身高还停留在一米六，只好从中锋变成后卫，最后变成替补。

大学时，他暗恋隔壁班的一个女生，写了几十封情书，终于鼓起勇气送了出去，结果送错了人。

工作后，他在一家地产公司做销售。上级无意间发现他的文案能力不错，硬是把他从销售部调到了策划部。在策划部干了三年，他正准备升任为策划部总监的时候，上级又让他空降到市场部任副经理。在市场部做了一年，因为经受不住一位好友的劝说，他选择了辞职创业。

生活就是这样，事情的发展总在你意外之外。阳先生说，吃了一点点苦的时候，会嘲笑梦想是什么玩意，吃了很多苦之后，才会明白梦想真正的意义。并非跑完42.195千米的全程马拉松，才叫实现了梦想，每一个3千米的自我超越也是实现梦想；并非赚取了几千万元人民币，才叫实现了财富梦想，每一分心安理得的收入，也可能是幸福的资本。

有人说，一定要考上名牌大学才叫成功，其实考上或没考上，并没有你想的那么重要，更不能用来衡量你所付出的努力和价值；还有人说，一定要拿到第一名才叫优秀，其实第一名和第二、第三名的区别并不大，很多时候你并不比别人差，只是缺少一点点运气而已。

秋小姐不喜欢和别人谈论梦想，她觉得，说大了，别人会笑，说小了，自己会笑。

秋小姐曾炽热地追求过一个男人，最后并没有和那个男人成为眷属，反倒是感动了那个男人的一个好兄弟，和后者走进了婚姻的殿堂。

秋小姐曾嫌弃过自己微胖的身材，为此她去健身馆游泳、跳绳，去户外跑步、爬山，虽然体重没有减下来，却爱上了运动和旅游。

秋小姐曾努力地想让自己成为大家都喜欢的人，为此她学化妆、学礼仪、学口才，虽然至今还是有人在背地里说她的坏话，但是她喜欢上了这种得体、优雅的生活。

秋小姐说，以前她是一个怀揣梦想的傀偶，直到她卸下梦想的包袱，才发现没有所谓的梦想，生活一样很美好。好的爱情不是追来的，好的身材不是自虐出来的，好的形象不是别人称赞出来的，当你不再纠结于最后的结果时，梦想的光芒才会照进你的生活里。

生活不一定会按你预想的方式前进，梦想也不一定会按你制订的计划上演，如果有一天，你发现自己得到的和想要的对不上等号，不必惊慌，更不必失意，只要你坚信自己努力了，命运终会给你最好的回馈。

# 再多的道理，也抵不过一句随便你

恋人之间，最好的状态，是你懂他的情，他懂你的意，是相隔万里你依旧能感觉到他的望穿秋水。

恋人之间，最坏的状态，不是满口谎言据理力争，也不是一言不合大打出手，而是对于你所有的表态，他都不冷不淡地说一句"随便你"。

相信每一对情侣，都经历过这样的情况：

当你发觉他有变心或者出轨迹象时，无论是真是假，你都希望听到他的解释或者坦白，而不是冷处理。

当你们为了一件事情僵持不下时，你宁愿他想办法说服你，也不希望他扔下一句"随便你"。

乔菲和她的男朋友最近闹得很凶，起因很简单，乔菲想搬家，她觉得现在住的地方简直糟透了，上班路程远不说，房子在五楼，还没有电梯，最重要的是临街——半夜经常被过往的车辆吵醒。

乔菲在自己的公司附近找到了很多条件不错的出租房，最后选定了一个各方面她都很喜欢的地方，房租稍贵了一点，不过房间面积大、光线好，出入有电梯，楼层安静。然而，她的男朋友却并不认同。

他认为，这处房子的厨房和卫生间都太小，而且位于高层，万一停电了会特别麻烦。此外，房子所在小区的配套设施很差，买一袋盐都要跑到2千米以外的地方去。最重要的是，价格比原来住的房子贵了一半，一点也不实惠。

对于乔菲搬家的理由，他也不认可。

一是乔菲喜欢看书，上下班路程远一点刚好可以在坐车时看书，要不然，空余的时间她会用来睡懒觉。

二是乔菲是个宅女，如果租一个电梯房，连最基本的爬五层楼的锻炼都没了。

三是现在住的房子虽然临街，但隔音效果并不差，根本不会影响睡眠。

为此，两人大吵了一顿之后，她的男朋友丢下一句："行吧，搬就搬吧，随便你！"

在你和恋人交往的过程中，是不是也经常有这种情况：

当你执着地想去看电影时，他却想睡懒觉；当你想吃麻辣小龙虾时，他却想吃干锅脆鱼；当你意犹未尽地和朋友畅谈时，他却要拉你回家……

当你们的意见相左时，哪怕最后你赢了，如果他说一句"随便你"，你是不是立马就没心思看电影、没心思吃小龙虾、没心思聊天了……

比争执和冷处理更可怕的，就是"随便你"。这意味着对方并不是对你的看法持保留意见，而是不想再介入你的看法，更不愿听从你的意见。这会让彼此一起上演的对手戏，变成你自导自演的独角戏。

在爱情世界里，哪怕两个人相对无言，也比一个人的狂欢来得更让人心动。

干果最不招人待见的地方，就是内向、没主见。

比如，干果做了一个方案，在会议上被否定了，同事给他机会反驳，结果干果只是冷笑着说："随便你们"。

比如，约喜欢的女生吃饭、看电影，女生临时有事去不了，说下一次再去，干果觉得自己被拒绝了，就冷冷地说："随便你。"

对会议结果有不同意见就说出来，说"随便你们"是怄气给谁看呢？

约梦中情人吃饭，难道人家不能临时有事吗，一句"随便你"，人家下次还赴不赴约？

人的一生，不可能事事都顺心顺意，所谓的保留意见，多半时候是微笑、沉默、点头。"随便你"给人的第一反应，往往是"随便你怎么样，我不管了，反正与我无关"，是无声的抗议和拒绝。

无论在爱情还是在工作中，遇到不同意的观点或无法接受的建议，要么摆事实、讲道理，说出自己的看法，要么拒绝、反对，表明自己的态度，而绝不应该不负责任地扔下一句"随便你"。

其实，很多时候，别人向你提出问题，只是想从你这里得到建议，肯定或否定并不重要。所以，千万别让你跟别人的关系被一句"随便你"给毁了。

# 你那么优秀，为什么还不辞职

我的朋友中，小禾是典型的正能量与负能量的综合体。工作上，碰到合她意的事情，她就像被皇帝宠幸的妃子，倍感皇恩浩荡；不合她意，那绝对是后宫三千佳丽都得到了恩宠，唯独她被打入了冷宫。

所以，加薪和辞职，是她嘴里的常见名词。在这一年里，她每个月都要在我耳边叨咕一遍。大到国际形势、行业发展、公司前景，小到公司厕所的卫生纸，保洁阿姨的眼神，都能成为她的议题。

前天晚上，她又跑来跟我说："莫主编，我准备辞职了。"

我很平静地问她："这次又是因为什么？是保洁阿姨忘了打扫你的位子，还是公司厕所的卫生纸质量太差？"

小禾不理会我的玩笑，很忧伤地告诉我，她在公司待了两年多，工资就涨了一次。上周她让主管给她调工资，主管呵呵一笑让她先回去，说再考虑一下。之后，就没有下文了。

我说："那就再去问主管啊。"

小禾说："主管没找我，肯定就是没戏了呗。"

我骂小禾："老板大部分都是'吸血鬼'，天性就是压榨员工，你不拍他两巴掌，他怎么可能对你松口。"

小禾不以为然，笑着说："我在这个公司待够了，不想干了。"

然后，小禾开始数落公司的问题："周末临时叫加班，我不去主管就在大会上说我没有组织观念，还翻旧账说我正常上班时间经常迟到早退，偷着玩游戏、看电影。有些任务明明不可能完成，偏偏要分配给我，做不好就说我应付差事、能力不行，我是不行，谁行就找谁呀。别人摆平不了的事情，我给摆平了，事后却说事情还能解决得更好，你那么厉害，你来呀……"

总而言之，小禾在公司干的活绝对对得起她领的工资，换句话说，小禾的本事无限、能力无限，公司却只愿意出一个白菜价。

我笑着对小禾说："既然如此，那就辞职呗！"

小禾笃定地点点头："对，辞职。"

一周后，我问小禾辞职了没有。小禾笑着说："没有。"

她说，换工作也是可以的，只是换了工作就意味着要和新同事搞好关系，开拓新的业务圈子，适应新的工作环境……虽然她很嫌弃现在的工作，但想想做了好几年了，轻车熟路的，委屈就委屈点喽，公司总会良心发现的。

暂且不管小禾现在的公司到底是好是坏，一个公司但凡能经营几年，且业务量和员工数都在正常地增长，哪怕有一些不足的地方，但也肯定有优于别人的地方。

小禾这个姑娘，我很了解："90后"，独生女，不说娇生惯养，至少也是富养的，大学读的专业和现在的工作风马牛不相及，毕业第一年以各种理由换了好几份工作，好不容易才找到现在这份薪资结构、工作氛围、企业文化比较契合的公司。

在这家公司的员工，如果遇到优秀的团队，并且努力学习，多半能脱颖而出；而在普通的团队里，就只能磨洋工、混日子了。脱颖而出的员工，会找到自己在企业里不可替代的位置，磨洋工的员工，就拿着饿不死的工资，干着闲不死的活。

小禾属于后者。

她的创意、构思、想法永远比她的执行力强，她的想法通常新奇、大胆，但从不考虑是否可执行。她只考虑她想做成什么样，却没兴趣考虑老板、客户想要做成什么样。即便她与老板与客户的想法一致了，到了执行层面，通常也会有诸多借口，比如资金没到位、团队没到位等各种没到位，所以，最后事情就黄了。

碰到项目，她习惯性地先从战略上轻视它，其次从战术上弱化它，最后从执行上毁灭它。她最理想的工作是只需要往台上一站，宣布"开幕"就行，至于邀请哪些嘉宾和媒体，设置哪些流程和环节，租什么场地，花多少钱等，都是别人的事。

但是，不可否认，她也曾有过一些成就，比如策划了一个客户喜欢的方案，撰写了一篇领导喜欢的讲稿，等等。所以，碰到调岗、加薪、发福利的时候，她就会想到她曾经策划过什么成功的方案，写过什么优秀的讲稿，等等。不过，她通常得不到嘉奖。

凭什么公司里有好事了就忽略我？慢慢地，她的抱怨多于创新，推诿多于积极。

只是，如果你真的那么优秀，在公司受到了那么多不公平的待遇，你为什么不辞职呢？

难道真的是你习惯了现在的工作氛围和节奏，觉得换工作、换团队、换环境等很麻烦？也许，只是你自己觉得自己很优秀。

现代社会，不缺混日子的人，缺的是核心人才。所以，对于那些天天念叨要辞职的朋友，我想说："既然你那么优秀，为什么还不辞职？"

# 我只关心你飞得累不累

初中时，我不是父母眼中的"别人家的孩子"，不够听话和懂事；高中时，我不是班主任眼中的"别的班的同学"，不够勤奋和努力；工作后，我不是老板眼中的"别的公司的员工"，不够灵活和拼命；恋爱后，我不是女朋友眼中的"别人的男朋友"，不够体贴和上进。

从小到大，不管我多么努力，似乎与优秀总有那么一些距离。于是，我拼命学习、积极工作、用心去爱，唯愿明天越来越好，唯愿这一路走来的汗水和眼泪都将变成鲜花和掌声。

既然选择了远方，便只顾风雨兼程。可是，很多时候，真的有必要让自己那么累吗？

2015年热播的电视剧《北上广不相信眼泪》中有一段情节：一个沦为"公司利益炮灰"的男职员被客户故意刁难，客户在一大杯高度白酒里撒了一泡尿，说只要他一口喝下，就跟他签合同。

喝了，就拿下了合同，就能创造业绩。可是，值得吗？

小次是一个中文系毕业生，仅凭在大学的一点炒股经验，找了一家证券公司混饭吃。因为女朋友意外怀孕，为了筹钱结婚，为了给未来的宝宝一个幸福的家，小次上班勤恳、下班兼职，几乎不给自己休息的时间。

有一次，还在当销售助理的小次被老板临时叫去饭局，其实就是给老板挡酒。小次白酒、红酒、啤酒通喝，喝不下了就跑到卫生间吐，吐完继续喝。第二天，一到公司，人事就找小次谈话，把他从销售助理转成正式销售，工资翻番。这之后，小次为了挣更多的奖金，不是在喝酒，就是在去喝酒的路上。不到半年时间，小次从一个普通销售迅速成长为月薪过万的金牌销售。

小次说，干他这一行的，要想出业绩，无非就是谈判桌上能吹，酒桌上能喝。

每一个行业都有不为人知的辛苦，你不努力，总有比你更努力的人。所以，你只能在你还有体力，还有拼劲儿的时候，多挣几桶金，多为自己的梦想之城搬几块砖。

相信很多朋友也一样，无论是进入大学还是进入职场，在一个陌生的环境里，哪怕不想成为领路人，但至少不想成为拖后腿的那个人。于是，你发愤图强，以至于专注到忽略了亲情、友情和爱情。你以为等自己功成名就时自有亲朋好友来祝贺，不料却成为一个孤独的赶路人。

再一次见小次时，他辞职了。因为全年无休，身体负荷过重，加之过度饮酒，他曾多次当场晕厥被送到医院抢救。现在的他两眼无光，脸色黯黑，整个人看上去比实际年龄老了七八岁。他说他真的累了，哪怕工资再高，设想的未来再美好，也抵不过身体健康，抵不过多陪爱人几天。

不知道那些赶路人，为了金钱抛弃朋友时，愧不愧疚？为了升职把同事踩在脚下时，后不后悔？为了梦想把爱人和孩子扔在家里时，心不心疼？

每个人都想过上美好的生活，也应该为之付出努力。但是，我们必须为自己的人生考虑性价比，我们要时不时问一问自己，那些付出到底值不值得。

成功不需要流尽血汗，梦想也不需要不择手段，漫漫人生路，何必走得那么累。

# 过年谁会不想回家呢

一个人在外拼搏，遇到不顺心的事，你会不会给远方的父母打个电话，再多的委屈到了嘴边就成了"我挺好的"。

一个人在外拼搏，逢年过节的时候总会想家，却总是害怕回家，害怕一事无成被邻居嫌弃，害怕孤单一人被亲戚嘲笑。

毛豆说，他已经两年没回家过年了。前年没回家，是因为过年期间在公司值班有三倍工资外加一个大红包；去年没回家，是因为年前遭窃，辛苦两年攒下的几万块钱全被偷了，连买车票的钱都没有了。

刚毕业的时候，毛豆在一家电商公司上班，底薪一千元外加提成。做了半年后，每月工资最高能拿到两千五百元。毛豆曾经有一个很明确的职业规划，把这份工作当成基础，一年内自学APP程序开发。可是，工作的属性要求他每天要从下午三点干到晚上十二点。

因此，他早上八点起床自学程序代码的计划只坚持了一周，就再也撑不下去了。

临近年关，老板原本保证的年终奖没有兑现，而每个月扣除房租、水费、电费话、宽带费、饭费等生活开支，毛豆用了一年时间只存下了两千元钱。更糟糕的是，年前洗衣服的时候，他不小心把手机落进了洗衣机，只好花了一千多元钱买了一款平价手机。

毛豆说，前年他没回家，并不是因为公司在过年期间给他三倍工资外加一个大红包，而是因为那时他身上只剩下几百元钱，根本没脸回去。

第二年，他辞职跟着朋友一起从摆摊和夜市烧烤干起，半年后租了一个流动摊位卖猪肉。他们每天早上三点去拿肉，四点开始拆骨头、拆肉，六点开始营业，有时候干到晚上八九点才收工。

半年时间，毛豆总算挣了三万多块。可悲的是，钱刚从银行取出来，还没在手里捂热，就被偷了。不过，被偷了也不敢跟家里说实话，只能说货款没收回，要留下来结账，所以不能回家过年了。

毛豆说，他今年准备回家。三年没回家，都快忘了爸妈长什么样了。

也许吧，对于条件一般的普通家庭来说，一年又一年地盼着你回家，其实是盼着你给家里带去新的景象。所以，并不是"有钱没钱，回家过年"那么简单。有钱，是回家过年；没钱，是回家被年过。

回家过年了，如果只有这样的对话：

"在哪个单位高就啊？"

"呵呵"

"赚了很多钱吧？"

"呵呵"

"女朋友怎么没带回来？"

"呵呵"

"明年替我不争气的小崽子介绍份工作吧？"

"呵呵"

还怎么过年？

毛豆说，他工作一般，能力一般，唯一能让他有勇气回家过年的就是钱包里的钞票。谈未来，家里人不懂；谈梦想，朋友们会笑。只有手里的钞票，才能让他找到自己的价值和地位。

生活中，有很多像毛豆一样的人，他们认为，如果生存尚且顾不上，谈梦想也太奢侈了。他们觉得，会一口流利的外语，穿着笔挺的制服出入写字楼，通讯录里存的都是企业老总的手机号……才有资格谈论那些梦想。

可是，人生应该是这样的，当你在山脚的时候，关注的是山顶；而当你站在山顶的时候，仰望的是蓝天。对于大多数人来说，永远有人比你更强。所以，何必羡慕别人的生活，更不必怀疑自己的努力。过年了，就回家，只要买得起车票，哪怕是硬座；只要发得起红包，哪怕小一点，又有何妨?

　　家，不需要你用耀人的成就去炫耀，更不会嘲笑你暂时的落魄。

拼搏了一年，无论成功还是失败，都回家休息一下吧。

　　休息，也是为了更好的出发!

# 你的幸福是否已被明码标价

　　我跟晓晓是在一次编辑培训会上认识的，她是个初看上去很高冷，但熟稔之后就跟神经病一样的女生。她常常问我："莫主编，你觉得红酒配炸鸡怎么样？面条配可乐呢？"

　　我很长一段时间都觉得她肯定有病。或者说是电视剧看多了，从《来自星星的你》到《花千骨》，再到火热一时的《琅琊榜》，她无一错过，以至于她说她准备分手的时候，我都觉得她是受电视剧的影响，看低了身边那位长相一般但还算上进的小伙子，希望能有一个爱她爱得死去活来，最好还帅气、多金、温柔、体贴的男神。

　　晓晓的男朋友是做销售的，每天上午八点出门，加班到半夜回家，逢周末及节假日更忙。为此，晓晓一直让男朋友换工作，可是连着换了好几份工作，都不满意，要不工资太低、要不经常出差，要不经常加班，要不上班地点太远。

　　其实晓晓的想法很单纯，工作归工作，但不能因为工作就降低生活质量。她希望他能多花一点时间陪她逛街、吃饭、看电影；希望不用每到交房租，逢年过节的时候就捉襟见肘；看到想去的餐厅，喜欢的衣服，想玩的景点，不必先查一下余额；甚至多下几次馆子，多买几瓶化妆品，都觉得有经济压力；换一部苹果手机要省大半年的钱，更别说买车买房了。

　　她想过上出行有车，睡觉有房，饿了有人做饭，无聊有人陪着疯狂的生活。每个女生的心中都有一个梦，晓晓也不想在二十几岁，女人一生中最美好的年华中在柴米油盐上纠结。

　　每一个女孩都有权利拥有一个公主梦。但是，这种生活，对于有钱的人来说，那是公主梦；对于没钱的人来说，那叫公主病。梦，大家都有，只是有些人把梦想当成梦想，有些人却想把梦想当饭吃。

　　我见过很多恋人，他们收入不高，但这并不妨碍他们爱得很幸福。幸福虽然不能用金钱来衡量，但是每一种幸福的方式都是有价值的，一分钱有一分钱的幸福方式，一百万有一百万的幸福方式，又怎么可以用一分钱过一百万的幸福？

　　我也见过很多单身的女性，她们一个人吃饭、逛街、泡吧、旅行……做各种她们自己喜欢做的事情，过自己想要的生活，不靠家人、不靠朋友，她们也过得很幸福。所以，如果一个女孩自己尚且不能把自己照顾得很幸福，就没有权力要求别人照顾你、给你幸福。

　　如果你月薪一万，每月花三千元买化妆品，花三千元买衣服，花三千元吃喝玩乐，那是你的自由，没有人能管你。如果你月薪两千想过月薪八千的生活，剩下的六千要让别人给你补上，补不上就是对你不够好，那只能说，你并不配拥有幸福，或者说，你选错了幸福的方式。

现代社会中，像晓晓这样的女孩并不少，她们每个月领着两三千块钱的工资，上班时应付工作，下班后玩游戏看电影，却奢望有一个帅气、多金、脾气好的男人陪伴她，给她想要的幸福，这种现象在电视剧里很常见，但是在现实中，几乎看不到。

对于一个女人来说，选择怎样的幸福方式之前，得先掂量一下自己的价值，别人没义务为你的幸福买单，如果你经济不能独立，也没有能力靠自己的双手把自己变得更好，那么，就别去嫌弃别人，嫌弃也是需要资本的。

每一份幸福都是明码标价的，但愿机会摆在你面前的时候，不要出现余额不足。

# 为什么你那么努力，还是单身

大伟说，他烧得一手好菜，却遇不到一个尝菜的人。

大伟在一家软件公司上班，月薪过万。他没有不良嗜好，但在感情上简直一窍不通，将近三十岁了也没谈过一次恋爱。

他周围也不乏优秀的女生，问题是，通常女方聊的话题，像什么购物、饮食、旅游、电视剧等，他一概不知；而一旦说起程序代码，无论女方想不想听，他也不察言观色，就开始长篇大论。

大伟怎么也想不明白，自己条件不算差，而且一直在努力变得更好，为什么总是没有女人缘呢？

为了不让大伟孤独终老，我这个好兄弟只好帮他一把。我先带他去理发店做了个时尚的发型，又带他去商场买了几款新潮服装，最后约了几个单身姑娘，以一起去KTV唱歌的名义给他创造恋爱机会。

阿斗终究是扶不起来的。大伟到了KTV，歌也不唱，话也不说，只顾着喝酒。我好不容易找到机会，组织大家玩个游戏，结果大伟已经喝醉了。

像大伟这样的人很多：性格沉稳、心地善良、工作稳定……可是，为什么还是单身呢？

这怪谁？只能怪大伟自己，他空有一手好厨艺，却无法让女方对他的厨艺感兴趣。

让女人对你有好感，首先要迎合她所钟爱的话题，其次要成为她的开心果和禁卫军，最后要无条件地对她好……否则，你的成熟跟她有什么关系？你的努力跟她有什么关系？你的优秀跟她有什么关系？成熟、努力、优秀的人多了去了，你又不是超级巨星，凭什么让女人为你痴迷。

就像大伟说他烧得一手好菜，却遇不到一个尝菜的人，因为他的菜永远不合女方的胃口。女方不吃辣，他却做了一盘色香味俱全的变态麻辣小龙虾；女方生理期，他却熬了一碗清凉无比的冰糖雪梨。他做的菜再好吃，在女方眼里也不会是什么佳肴。

所以说，在恋爱这件事上，兴趣相投远比努力付出更有效。

阿麦跟我说，上个月她看上了公司新来的一位男同事。

我对阿麦说，谈恋爱这种事，最好别是办公室恋情，要不然，很可能像《加油吧实习生》里的郝敏和陈建一样，谈个恋爱结个婚，都跟偷情似的。

阿麦说，爱情这种东西，像我这样风流的人是不会懂的，她说我只懂得调情和勾引，哪懂爱情和吸引。

自从看上那个新来的男同事（暂且叫他小Ａ）后，阿麦滥用人事部门的职权，打着了解新员工的旗帜，肆意打听小Ａ的喜好。比如，小Ａ喜欢衣着淡雅的女孩，阿麦就开始更换行头；小Ａ喜欢轻声细语的女孩，阿麦就一改疯婆子的形象……

阿麦说，爱一个人，首先就得有为了他牺牲一切的准备。她听说小Ａ喜欢短发女孩，就准备把自己的齐腰长发剪短。

我骂阿麦，她的脸型真的不适合短发。

阿麦很笃定地说，小Ａ喜欢短发。

然后，阿麦流着泪剪去长发，第二天又想通了，笑得跟妖精一样。

阿麦觉得她满足了她认为的小Ａ的择偶标准后，就约了小Ａ去看电影，电影结束后跟小Ａ表白，被小Ａ婉拒了。然而，阿麦却理解成可能是她太冲动了，吓坏了小Ａ，小Ａ没有直接拒绝，就是答应了。

接下来的一周，阿麦以小Ａ女朋友的身份介入小Ａ的工作和生活，直到小Ａ实在忍无可忍，骂阿麦有病，让阿麦滚远点。

阿麦跟我哭诉，她为了小Ａ做了她能做的一切，哪怕是剪去心爱的长发，小Ａ怎么可以骂她有病呢？

我跟阿麦说，因为小Ａ根本就不喜欢她。

很多时候，你以为你很爱一个人，可是，你有问过他要什么吗？也许，你给他的只是你自以为他需要的爱。爱，应该坦诚相对、平等互信，你为了他，盲目地改变了自己，把自己变成你以为他想要的样子，可是，到最后，你却连自己都不是了，你让他爱谁？

很多时候，爱情没来，是因为缘分没到。

很多时候，爱情走了，是因为努力的方向错了。

作为一个单身人士，把自己收拾干净了，把自己的生活过得体面了，你才配得上那些干净的人，才配得上那些体面的人。别再问为什么你那么努力却还是单身，也许你只是还没遇到跟你一样努力的人或者你爱的人比你更努力。

加油吧，只要你够努力，总会遇到配得上你的人，况且，哪怕一个人，你也能过上体面的生活。

永 远 别 放 弃 做 个 有 趣 的 人

# PART D

一辈子很长，就找个有趣的人在一起

「 如果一份爱情让你丢失了梦想，荒废了信仰，甚至失去了自由，心动又有什
么用？如果我爱一个人，我不会奢望她比我优秀，只希望在一起之后，她可
以变得更好，我也可以变得更好。 」

# 最美好的爱情是我负责貌美如花

男人是视觉动物，一个男人爱上一个女生，首先看重的是她的外表，其次才是性格及兴趣爱好之类的。这话很有道理，我大学时的舍友兔子就是这样的人。

兔子仗着长相帅气，身边不缺漂亮的女性朋友，就大言不惭地说："如果我谈恋爱，一定要找一个超级漂亮的女朋友。"

兔子身高一米八，篮球打得好，还弹得一手好吉他。学校里暗恋兔子的女生有很多，安安也是其中之一。安安长相一般，但对兔子用情至深。从大一开始，安安就爱上了兔子，每次兔子要去打篮球，她都跟着，负责给兔子鼓掌、买水、擦汗。大二时，安安跟兔子表白，被拒绝。大三时，安安再一次表白，仍被兔子拒绝。大四时，安安终于跟兔子成功牵手。

安安说，是兔子倒追的她。

兔子却说："难道我眼瞎吗？"

两人在一起后，兔子的早饭、午饭、晚饭、夜宵、衣服、作业……安安全都一手操办，甚至代收了兔子的负面情绪。

有这么贴心的女友，兔子非但不知满足，反倒经常跟我抱怨："安安干吗一天到晚跟着我，是怕我出去偷人，还是怎么着？有时候，在同学会上我跟其他女生碰个杯，她都有意见。"

两人工作之后，兔子只要晚上九点前没有回家，安安肯定是每隔十分钟给他打一通电话，微信、短信更是频频发送。

越在意的人，越是纠缠；越是纠缠的爱情，越容易走向争执。

正准备订婚的安安，在订婚前一个月跟兔子分手了，原因是兔子背着她在外面有了女人，被她发现了。

安安说："我跟兔子一路走来也不容易，可是爱情容不得沙子，婚姻更容不得沙子。为了尽一个女朋友的责任，我放弃了跟同事和朋友聚会的时间，放弃了户外写生、游山玩水等兴趣爱好，甚至放弃了自己的梦想。我知道自己长得不漂亮，但为了配得上他，我已经很努力了。我曾以为，我的无微不至能让他更感动，会让他爱得更深沉。可是，他最后还是背叛了我。"

我想，也许并不是兔子背叛了安安，是安安背叛了爱情。

爱情，不应该是丢失自我的付出，不应该是害怕失去的占有。男人喜欢的是能对他笑颜安抚的爱人，而不是深宫怨妇般的管家婆。一心只想着付出的人，并不一定就有资格拥有爱情的馈赠。

他压力巨大想要呐喊发泄，你不能陪他嘶吼一通；他事业不顺想要静心思考，你不能让他偏安一隅；他精心布局想要给你一次意外惊喜，你不能领会他的心意……他跟你在一起后，你不能给他的，恰好有一个人能给他，让他恢复激情、燃起斗志、充满浪漫，他又怎会乐意早早回家听你的絮叨、抱怨和质疑。爱，不只是洗衣做饭、买菜拖地，更要拥有独立的人格、美好的信仰和共同成长的理想。

有多少女人，习惯把自己所有的丑态都暴露给爱人，以为如果"你爱我，就一定要爱我所有的缺点"；一旦分手了，又以泪洗面、茶饭不思，想让他知道，失去他后你的日子过得有多凄惨。爱情中，苦情戏码可以有，一旦过了，就真的结束了。既然如此，为何不在爱着的时候，爱得漂漂亮亮；在不爱的时候，分得潇潇洒洒。

与兔子分手后，安安来找我诉苦。

看着安安枯燥的面庞、黯淡的眼睛、蓬乱的头发、蹩脚的服饰，我笑着对她说："安安，我觉得你现在不配拥有和兔子的这段爱情。"

女人追赶爱情时，首先得把自己捯饬得漂漂亮亮，哪怕被拒绝、被中伤，也绝不放弃自己的理想，丢掉前进的动力。最美好的爱情，不是"为了你，我放弃自己的整个世界"，而是"为了爱情，努力给你我最好的世界"。

女人啊，在爱情里，你负责貌美如花就好了。如果今天你连貌美如花都不愿意，指不定哪一天，你男人的钱养的就是别的女人了。

# 最合适的感情最需要将就

落落是个宅女，不爱跟外界接触。她的男朋友是做婚礼主持的，两人恋爱不到半年就分手了。落落说，她的男朋友习惯了高亢激昂的生活方式，很少待在家里，经常奔跑在各个城市、各个酒店，手机里存着无数的新娘、伴娘和女司仪的微信和电话，因为太忙，所以经常不接她的电话……最终，她爱不下去了。

看到过这样一句话："爱情中任何的将就都变成了委屈自己，也把时间浪费在错的人身上。"可是，在爱情中纠缠的两个人，谁没有将就过？

不爱的时候，有一百种理由，来证明你们不合适；爱的时候，更有一百种解释，来证明你们很合拍。

常听到身边的女性朋友说，谈恋爱结婚，就要找一个有车的男人，绝不能将就着挤公交车；就要找一个有房的男人，绝不能将就着东搬西迁。没车没房的，免谈。

分手后的落落，在饭桌上偶尔说起她的前任，也会眼眶泛红。她说过去总觉得无论生活还是爱情，一就是一，二就是二，没有中间地带，后来才慢慢地发现，爱情又哪来的绝对的黑与白、对与错呢？

很多时候，将就一下，也没什么大不了的。

因为你不吃鱼他爱吃鱼，你不吃辣他爱吃辣，所以就分手吗？因为你怕吵闹他怕安静，所以就分手吗？因为你爱看韩剧他爱看美剧，所以就分手吗？因为你睡眠浅他睡觉会打呼噜，所以就分手吗？都说爱情中要包容对方的缺点，可是如果你连吃个饭、看个电影、睡个觉都不能将就，又有什么权利要爱情？

在爱情里，将就并不意味着放弃原则、丢掉自我，你可以有你对爱情、对婚姻的构想，他也可以有。如果两者之间产生了分歧，与其分道扬镳，为什么不一起寻找中间地带？

幸福，应该是你让着我一点，我让着你一点，只要朝着同一个目标前进，总会有幸福的明天。生活就像是一趟列车，既然你们已经检票上车了，硬卧、硬座又能怎样，困的时候聊聊天、谈谈未来，累的时候揉揉腿、捶捶肩，总比坐着商务座却相对无言来得强吧？

既然选择了在一起，就应该将就偶尔有坏脾气，偶然表现出低情商的他；就应该将就还不够优秀，但一直在努力的他；就应该将就曾让你左右为难，但从未放弃爱你的他；就应该将就并不完美，但最适合你的他。世间没有互不叨扰、一蹴而就的美好，最合适的感情，最需要恰到好处地将就。

# 首先你得有一个男朋友

阿美是个情感咨询师，找她求助的姑娘特别多。无论是暧昧、暗恋、热恋，还是背叛、出轨、离婚，只要是情感问题，她都能举一反三、对症下药。她说，爱情这东西，就像数学试题，只要用对了公式，都能得出满意的答案。他爱你，所以无论你怎么折腾，他都会留下来；他不爱你，所以无论你怎么折腾，他依旧会走。

有个姑娘经历了七年的爱情长跑，最终没有佳偶天成，阿美安慰她：即便她不是他命中注定的那个人，至少不枉青春，为爱疯狂了一场。

有个姑娘"被劈腿"后痛不欲生，想用自虐的方式求得男友的可怜和回头，阿美告诫她：一个不懂得照顾自己的女人不配得到男人的爱。

有个姑娘辛苦挣钱养着男友，男友却用她的钱养着别的女人，阿美安慰她：幸好分开得早，避免了贻误终身。

阿美问我，是不是看透了很多爱情故事，就能找到一份真爱？

我说，不一定。爱情就像一场马拉松，不跑完全程，你永远无法明白，起跑时的憧憬和激情，中途的心跳和疲惫，冲刺时的祝福和平静，以及不时地打扰和怀疑。

阿美说，她给很多恋人讲道理，给很多读者讲故事，不过是因为旁观者清，甚至是移花接木。内心里，她甚至淡忘了牵手的心跳、接吻的力度和拥抱的温度，她不知道在爱人肩头痛哭一晚，到底是心碎还是心安，她忘记了她说"随便"时的心情，也忘记了他说"随便"时的表情。

相信在你的身边，也会有很多像阿美这样的人，她总能在你难过的时候给你安慰，在你疲惫的时候给你肩膀，在你迷路的时候给你航标。不过，你不必去细究她的爱情是不是很幸福，她的故事是真是假，她到底有没有爱人。她并不是你的领路人，只是你爱情路上的小山头，你可以踩在她的肩上，让自己看得更高更远。

豆白跟她的男朋友分手了。她得了重感冒，男朋友却在外地出差，没办法及时赶回来。她只能强撑着身体，一个人去医院看病。路上，她实在支撑不住了，晕倒在地，幸好有好心人把她送到了医院。

豆白提出分手后，男朋友通过各种方式求情，渴望得到她的原谅。原本已经动摇的豆白，最终听从了闺蜜徐小姐的建议：不要轻易原谅一个男人，他没尝过彻骨的痛，就不会真正地反省。如果他真的爱你，一定会在原地等你回去。

　　相信在你的身边，也会有很多像徐小姐这样的人，她总能在你困惑的时候给你出谋划策。比如，你跟男朋友吵架了，她会告诉你永远别先低头，否则以后就抬不起头。比如，你跟一个男生处于暧昧期，她提醒你永远别先点头，否则以后会无法摇头。她说的道理听上去都没错，只是故事没有发生在她身上，所以她才可以云淡风轻地拿你当"实验品"。

　　豆白后来想回到男朋友身边，却发现他不在了，再也回不去了。

　　其实，每对恋人的故事都不尽相同。情字路上，是没有套路可言的，你只需按照自己的意愿去探寻就好。如果有一天，有像阿美和徐小姐这样的人告诉你要怎么爱、要怎么做才能不受伤，请转告她："如果你想指点我的爱情，请你先找一个男朋友，请你先比我更痛苦或者比我更幸福地爱着。"

# 请尊重一个男人爱你的方式

莉莉又一次在夜里11点打电话给我，说她想结婚了。

这是她今年第五次跟我说想结婚，我说："跟我说没用，跟陈先生说去。"

莉莉跟陈先生在一起已经三年了，关系一直都很好，是公认的模范情侣，结婚迟早会走上日程。莉莉是我的大学同学，人长得漂亮，自立又善良。以前，追求她的人不计其数，不过，她都没动过心。陈先生条件一般，追了莉莉将近一年，每天都准时跟莉莉说早安、晚安和天气预报，最终牵手成功。

我问莉莉："你觉得陈先生爱你吗？你愿意跟他生活一辈子吗？"

莉莉很笃定地说："当然啊，我们在一起之后，就从没想过要分开。我肯定会嫁给他的呀。"

我反问："那就是说，陈先生现在还不想结婚？"

莉莉说："不是，他也想结婚。"

我说："既然你们都想结婚，那就去领证呀，一直耗着算什么事啊！"

我知道莉莉看上去很单纯，其实内心有一点公主病。她希望这辈子只谈一场恋爱就好，希望恋人不仅要爱她的美丽和单纯，也要爱她的无理取闹和小情绪。无论遇到多么大的困难和挫折，恋人也会为她挡风遮雨。最重要的是，恋人心里只有她一个人，愿意为她做所有事。

陈先生恰好是这样的人，他在莉莉面前就像一个不倒翁，无论受了什么挫折都挺立着；又像一个弥勒佛，无论莉莉怎么朝他撒气都微笑着。

莉莉跟陈先生在一起，觉得有安全感，有占有欲，慢慢地变成了被惯坏的小公主。认识陈先生之前，莉莉的生活是吃饭和旅行，和陈先生在一起后，莉莉的生活是爱情和婚姻。

莉莉说："莫主编，其实，我就是想要一个求婚。"

婚姻是女人一生中最重要的决定，莉莉梦想着有一个王子骑着白马在她的面前说爱她，更希望有一天这个王子站在城墙上对全世界宣布"你是我这辈子唯一的女人"。

我对莉莉说："求婚这并不难呀，回头我提醒一下陈先生。"

莉莉说："我不想要只是两个人、两枚戒指的求婚，我想要一个让我一辈子都不会忘记，不管多少年以后想起来都会心动的求婚。"

是不是只有当众表白的爱情才是真爱？是不是只有当众下跪的求婚才是真情？有多少女人希望得到一场别开生面、永生难忘的求婚？为了满足她们的愿望，男人们不得不挖空心思，设计了五花八门的求婚形式。在求婚的过程中，女主角在众人"嫁给他""答应他"的起哄声中陷入了短暂的意识空白。可是，那些经历过盛大求婚场面的男女，最后都幸福了吗？

每个人，都有自己爱的方式，并非所有的男人都喜欢在外人面前对你高调示爱。他们的爱是你无聊时的开心果，生病时的避风港，焦躁时的出气筒以及24的小时客服电话。他们不一定会在朋友圈里秀恩爱，在公共场所秀亲昵，也不会走街串巷收集1000个陌生人的祝福来表达真心。他们不是不够深情，而是不想让别人来定义他的深情。

敢在所有人面前说爱你的人，并不一定真的爱你，但是真的爱你的人肯定敢在所有人面前说爱你。如果你爱一个男人，请尊重他爱的方式，别强求他公开示爱或者求婚，无论是爱情还是婚姻，冷暖自知，并不需要外人或祝福，或看衰的见证。如果现世安稳，佳偶天成，哪怕耄耋之年，你也可以撒着娇对他说："老头子，你还欠我一个求婚！"

# 你陪我长大，我陪你变傻

在两个人的爱情世界里，幸福指数的高低往往取决于其中一方情商的高低。见过很多情侣，他们不一定很般配，但绝对最适合，由于其中一方很善于经营爱情，所以他们过得很幸福。

七七最喜欢做的一件事，就是在八爷接她下班的时候，看八爷被冻得通红的脸，嘲笑八爷傻不傻。八爷的傻事，数不胜数。

四年前，八爷暗恋七七的时候，经常给七七写匿名情书。七七看穿了八爷的小伎俩，嘲笑他说："你傻不傻呀，文笔差不说，字还那么丑，而且居然是匿名信，哪怕你写了一百零一封情书，我想感动也只能对着空气感动。"

三年前，八爷正式追求七七的时候，给七七送鲜花、送礼物、送零食，甚至在七七生日那天，亲手折了二百二十二只千纸鹤。七七骂他傻不傻，二百二十二是什么意思，还不如送一百一十一只，至少能引申为一心一意，而且一个大男人弄这东西，害不害臊。

两年前，七七经常在八爷耳边说男人穿正装看起来特别精神，于是八爷扔掉了钟爱的休闲装，换上了西装革履。七七骂八爷傻不傻，精神归精神，可她还是喜欢那个穿着运动服和人字拖的八爷。

一年前，七七去北京出差，一下飞机就在手机里跟八爷抱怨北京的十月怎么那么冷。五个小时后，八爷就带着七七的棉服出现在她的房间门口。七七骂他傻不傻，她不过是发个感慨，矫情一下而已，这笨蛋怎么就当真了，而且机票钱足够她去西单买几件棉服了，有钱也不能这么浪费呀。

认识八爷之前，七七从来都不知道，天底下还有那么笨的男人。认识八爷之后，七七觉得，以后再也不会有像八爷这样对她这么好的男人了。七七第一次坐高铁，八爷叮嘱她千万别忘了带身份证；七七第一次坐飞机，八爷告诉她不用带泡面，飞机上有免费餐饭；七七第一次下厨，八爷提醒她炒土豆丝先用热水抄一下才能脆而不糊。

缘分这种东西，真的很奇怪，明明一开始看不上，后来却离不开。特别是一起经历过那些浪漫而温馨的岁月后，原以为自己很成熟，其实很幼稚，原以为自己很坚强，其实很脆弱的，原以为自己可以一直扮演小孩的角色，其实早已变成了知性女人。

七七说，她很庆幸认识了八爷。八爷能容忍她的固执和幼稚，能安慰她的小情绪和忧伤，能在她受挫的时候提供肩膀，能在她骄傲的时候及时劝诫。

正因为有了善于经营爱情的八爷，七七觉得自己是天下最幸福的女人。

与七七相比，西西的运气就没那么好了。

西西跟男朋友分手了，她发誓，以后再找男朋友决不能找比自己小的。西西感触最深的是，男朋友什么事都不懂，还有一大堆的意见。西西曾告诫男朋友，他的某个同学不可信，他不信，结果被骗了；西西曾引导男朋友，跟客户洽谈业务一定要摆明双方公司的利益关系，他不听，结果项目谈丢了；西西曾提醒男朋友，有合适的机会趁早换一份工作，他不信，结果公司欠薪三个月。

西西觉得，如果男朋友不能让她的生活变得更好，那为什么不换人？男朋友年纪比她小，没关系，她可以带着他少走弯路，但绝对不会陪着他长大，陪着他再走一遍弯路；男朋友阅历浅也没关系，她可以提点他生活和工作中的窍门，但绝对不会陪着他变傻，陪着他再被人当成傻子耍。

爱情这种东西，没有对错，但是，你要求得越多，情路就越坎坷。当你渴望富庶生活的时候，就别轻易答应一个平头青年的求爱；当你渴望优雅人生的时候，也请别轻易投入市井混混的怀抱。

美好的爱情，往往是我的幼稚，你看破不说破，你的骄傲，我清醒装糊涂；往往是你陪我长大，我陪你变傻。

# 为什么我要在原地等你爱我

直到大四，肖肖才谈恋爱，她爱上了一个大二的学弟。

学弟说："学姐，你很优秀，可是，你就要毕业了，我还在上大学，等我毕业了，如果你还是单身，我们再谈恋爱吧。"

为了让学弟一毕业后就能轻松地名正言顺地跟自己谈恋爱，肖肖奋斗了两年，她勤恳努力地工作，从一个毫无经验的小编辑，晋升为杂志社执行副主编。

两年后，学弟毕业了，找了几个月的工作，也没找到合适的。

肖肖对学弟说："找工作不着急，学姐有钱，我养你。"

她给学弟买衣服，带学弟吃大餐、看电影，学弟所有的生活事项，她都一手包办了。但是，随着时间的推移，他们非但没有确定恋爱关系，反而彻底决裂了。

肖肖把她这段感情经历告诉了我，跟我哭诉："他说我跟他不合适，我问他为什么，他说我太优秀了，从刚认识的时候开始，我是学姐，他是学弟，他就没有话语权。工作后，他已经很努力了，可是成绩却远比不上我成长的速度，原本他只是想，等他有一定成绩的时候，再来求爱，可他觉得自己不可能赶得上我，也不会有示爱的机会了！"

对于肖肖这段感情，我很是感慨：如果一个男人觉得配不上你，就说不爱了，那还是分手吧！爱情本来就应该"门当户对"，你有三千元钱的彩礼就娶三千元的老婆，想用三千元娶一万元的老婆，那叫吃"霸王餐"。在男人的字典里，所有的配不上，都是不那么爱了或者不爱了。你可以学历不如她，工作不如她，家庭条件不如她，但相比起她爱你，你一定可以更爱她。

每一个恋人，每一段爱情，都不是一成不变的，初次牵手时的心跳加速，只能是美好的回忆，不必奢望牵手一年后还能莫名地心中悸动。每一对恋人都是由两个独立的个体组成的，在一个相对的时间里，总会有一个人跑得快，也必然会有另外一个跑得相对比较慢，最美好的爱情，是当我跑得快的时候，鼓励你、协助你，甚至拉着你跑快一点，但绝对不是停下来等你。

因为你失业了，所以我就要辞职陪你一起失业；因为你是职场新人，所以我改行陪你一起当新人；因为你买的是下午五点的高铁，所以上午出发的我就得去坐绿皮车……如果，这样你才觉得我们身份对等，你才会爱我，那还是算了吧。谁也没有权利要求别人在原地等你来爱她，堵车、晚点还算幸运的说法，万一在你来的途中"出轨"了呢？我等来的是你虔诚的悔意，还是爱情的死亡通知单？

如果我爱一个人，我绝对不会在原地等她，而是继续前行。我愿意带她走向辉煌，但绝不会陪她一起平庸。我不介意她行动缓慢，但也绝不容忍她原地踏步。

"等我毕业了，就做你女朋友""等我工作稳定了，就跟你在一起""等我足够优秀的时候，再说爱你"……人的一生，有多长的时间能够用来等待，爱情又能经得起多久的等待？在人生前行的道路上，谁都不善于拒绝美好，如果我的努力赢来了前方更美好的爱情，那我为什么要在原地等你爱我？

# 你以为我撑伞只是为了躲雨吗

你是否曾为了一个人，从不苟言笑的高冷模样，变成小鸟依人的可爱模样，从"你爱我，我欢迎；你不爱我，请随意"，变成"你若不离，我必相依；你若要离，我也不弃"。你放下了矜持和自尊，丢掉了骄傲和虚荣，唯愿与他温暖相拥。

真正爱一个人的时候，是一种什么样的体验？是把所有的细心和温柔都给他，为他哭为他笑，为他变成一个连你自己都嫌弃的神经病吗？

爱错一个人的时候，是什么感觉？是你费尽心思地讨好全都成了玩笑？是把心交给了他，他却丢给别人，还说趁热吃？是你用尽全力给他铺了一条阳光大道，他却选择绕道离开？

香烟有一段时间，最讨厌别人提起火柴。甚至带"火"带"柴"的字眼都不行。爱的时候，恨不得不离不弃、如影随形；恨的时候，恨不得相忘江湖、老死不相往来。香烟说，曾经付出了多少，现在都得加倍要回来。

可是，要得回来吗？为他哭花的脸，为他放弃的梦想……要得回来吗？

香烟是一个很普通的女孩，火柴也只是一个条件一般的男生，现实中的爱情也许并没有偶像剧里霸道总裁和豪门千金的桥段，但是那种百转千回、荡气回肠的戏码却一点也不少。

喜欢上火柴之前，香烟有点男人婆，留着短发，穿着牛仔裤，聚餐时啤酒一杯接一杯敞开喝。喜欢上火柴之后，香烟开始化妆，憧憬着"待我长发及腰，娶我可好"。

香烟说，既然深爱一个人，就要不惜一切代价去争取最好的结果。她是冲着结婚去的，不做那些虚头巴脑的事。

火柴接受了香烟的表白后，香烟开始努力为结婚这件大事做准备，比如不玩游戏，不看电视剧，学好专业课，争取奖学金……可是，在一起没几个月，火柴就开始抱怨：恋爱本来是甜蜜的，为什么却充满束缚？香烟为了他们的未来而努力并没错，难道他想享受大学生活就错了吗？

有多少爱情之所以走向末路，是因为你为你们的未来想了很多，他却觉得你想得太多。

下雨的时候，你怕他淋湿便为他撑起一把伞，他却怪你破坏了他想淋雨的情调。你只是想用一把伞来证明你们的幸福，而他理解的幸福是你能跟着他一起在雨中漫步。

你们的梦想不在一条线上，你们的节奏不在一个频率上，无论你多么努力，你们也无法并肩同行。

双双觉得自己已经爱上冲哥的时候，心突然就慌了。她很清楚，这绝对是一份没有结果的爱情。她不可能跟比自己大十几岁的大叔结婚，更不会让自己成为别人婚姻里的小三。可是，爱情就是有这样的魔力，是他，就是他，逃也逃不掉。哪怕他只是给双双布置日常工作，双双都觉得他在跟她说情话。

双双说，既然是真的爱上了，那么从哪里开始，就得从哪里结束。她向冲哥表白，可是冲哥并没有像她想象中那样一口拒绝，只是笑了笑。之后，冲哥经常在工作之余，约双双吃饭，送双双回家。双双觉得自己很幸福，又觉得这种幸福有点畸形和变态。一个月后，双双写了一封辞职信，选择了离开。

爱一个人本身是没有错的，但是，并不是所有的真爱都值得鼓励。当你爱上一个不应该爱、不值得爱的人的时候，真的不必贪恋那一点温柔，毕竟那是一个陷阱。也别担心会放不下谁，所有你原本以为会念念不忘的人，都会在念念不忘的日子里慢慢遗忘。

很多时候，我们之所以放不下过去，只是不甘心罢了。不甘心，却又害怕面对，于是，把自己锁在想象的空间里，这就好比，无论是天晴还是下雨，你都撑着一把伞，别人以为你撑伞是为了防晒或者避雨，其实，你只是怀念伞下有他的幸福。

# 哭要是有用，哪还有人失恋

小时候，只要哭着回家，不管是不是跟小朋友打架了，父母都会带着我们去找对方家长理论；上学后，受委屈了，流着泪站在老师的面前，老师都会为我们主持公道；恋爱时，无论对错，只要眼泪一流，都会成为有理的一方；工作后，被领导训斥得眼圈通红，同事也都会说领导刻薄。

慢慢地，眼泪好像成了最好的武器！

可是，哭真的那么有用吗？

沙沙是家里的独生女，父母都是公务员，没什么经济压力，日子过得很随性。上个月，公司新来的一个女经理，安排沙沙做一个项目方案，她熬了两个通宵才做好，在交流会上，经理却一点情面都不给，把沙沙的心血批得狗屁不如，从没受过什么委屈的沙沙，当场就哭得一塌糊涂。

之后，沙沙又改了不下五次方案，经理却始终看不上眼，身边的同事一边安慰沙沙，一边想方设法帮助她。最后，终于拿出一份较为满意的方案，谁知道经理却说这个项目取消了，不做了！

从经理办公室出来后，沙沙哭了一个下午，最终决定辞职。沙沙说，她觉得自己很没用，碰到一点小小的挫折就哭，可是，不哭，又不知道该怎么办？

前段时间很多人都在转载一篇《谁的职场不委屈》的文章，文章里"职场上，很多时候被骂被批评的本质，是自身存在不足和缺失"，遇到批评，玻璃心的人想到的是逃离，坚强的人想到的是挺住，乐观的人想到的是鞭策，积极的人想到的是改变，沙沙是属于玻璃心的这类人。

事实上，大部分刚入职场的人都是玻璃心，特别是独生子女，自小生活环境较好，碰到委屈先从别人的身上找原因，再给自己找借口，反正不争不吵，大不了就哭一场。

可是，哭真的能解决问题吗？

也许，哭能表达你的委屈和不满，能得到旁人的同情和安慰，但这对事情的发展和解决，又有什么本质上的作用呢？

因为你错过检票时间，委屈得哭了，高铁就会停下等你上车？因为切菜不小心切到手指，疼得哭了，伤口就会自动愈合？都不能。

错过检票时间就改签下一班高铁，切到手指了就贴上创可贴。摔倒了，得学会爬起来，哭，除了能引来路人的围观，难道还能让你继续前进吗？

倩倩的男朋友小A，学历、家庭条件都不如倩倩，长相也一般，倩倩的父母始终不同意他们在一起。为此，倩倩做了很多努力，可是，最终让倩倩寒心的却是小A。倩倩说，她不嫌弃小A的高中学历，但希望小A去进修大专；她不嫌弃小A家在农村，但愿意自己出一半首付，希望在城里买一套房；她不嫌弃小A是服务员，但希望小A能去学一门手艺，换一份工作……可是，小A不想去进修大专，不想在城里买房，不想学新的手艺。

在倩倩的父母面前，小A默默地接受他们的冷眼，不敢反抗或者表决心。在倩倩提出分手后，却又哭着说他很爱倩倩，求倩倩不要离开她。一个男人，你可以用你最真的情去爱一个女人，可是，如果你不肯为了她努力去改变，你又有什么资格说爱？

我尊重小A对倩倩的爱，更赞许倩倩的决定。不想分手，你可以哭，可是，哭了又怎么样？能让你拿到毕业证，买套小房子，换份高薪工作吗？

我遇见过很多人，她们哭贫穷的出身，哭上司的挑剔，哭社会的残酷，哭爱情的艰辛，她们习惯用哭来面对前进道路上的绊脚石，用哭来伪装自己技不如人的心慌，用哭来解释不求上进的懒惰，用哭来博得同情寻求安慰。可是，如果哭能解决问题，哪还有人失恋？哪还有什么美好的东西值得去努力争取？

所以，如果有一天，你被批评、被中伤或者受了委屈，请一定记得，不要首先选择哭！

# 如果爱情不能让你变得更好，你还爱什么

阿麦说，她要分手！

我笑了笑，阿麦说分手说了无数次，但没有一次成功。她的爱情，除了刚开始时的蜜月期，剩下的日子，就像狗皮膏药一样，痛的时候贴着止痛，不痛的时候怕撕掉有疤。

阿麦说，这一次，她是真的爱不下去了。

阿麦刚认识男朋友K先生时，觉得K先生简直是个完美的男人：衣着得体，谈吐优雅，为人大方又会照顾人。那时，已经单身了三四年的阿麦就像是捡着了宝，与K先生交往不到一个月，就火速宣布在一起。

这之后，我的朋友圈里，阿麦几乎天天都在秀恩爱。哪怕K先生在公交车上打了个哈欠，阿麦也能捕捉到让她心动的呼吸，仿佛全世界就她的K先生最好，就只有她俩在谈恋爱，其他人都是单身。

我曾经很认真地跟阿麦说，秀恩爱，死得快。

果然，阿麦跟K先生同居后，她的朋友圈从图文秀恩爱、文字秀恩爱慢慢变成了莫名其妙的励志感悟，就像一个深宫怨妇受尽磨难却还在向世人昭告："我是贵妃，过得很好。"

经营爱情时，如果你过度地透支了你的幽默、才智、激情、浪漫，必将提前遭遇枯燥、愚蠢、冷漠、心碎。爱情是两个人的事情，任何一方过度地索取或者过度地付出，都会导致爱情的天平失衡。

爱情，总是在开始的时候最甜蜜。事实上，谁都不愿意接受一个粗鄙的对象，而更善于在陌生人面前描绘一个最完美的自己。也许，你爱的那个人起初的幽默、大方和上进，只是他刻意伪装出来的。在以后的日子里，你是否会撕去他伪装的面具，或者在他的面具底下自欺欺人？

阿麦说，以前的K先生洗衣、做饭、拖地全包了，现在呢，她出差一个星期，厨房的碗筷、换洗的衣服、桌上的烟头、肆虐的蟑螂、阳台的灰尘……哪是人住的地方，完全没有一个家的样子。原本以为，有了K先生，她终于有了一个避风港，现在越来越觉得，跟K先生在一起后，她似乎走进了一片乱坟岗。幸福与否，只有真正在一起生活了才能体会。

过去，阿麦是大家的开心果，是美食达人，是小资女人，她的肚子里装着无数的段子，她会做各种样式的美味糕点，她能解决大家所有的生活小问题。跟K先生在一起之后，阿麦那好笑的段子变成了抱怨和叹气，她不再分享美食，不再有小资情调。

　　我问过阿麦好几次，如果她和K先生一直是这种状况，那干吗还要继续爱下去？

　　阿麦说，每一段别人不懂的爱情里，都有自己懂的心动。

　　如果一份爱情让你丢失了梦想，荒废了信仰，甚至失去了自由，心动又有什么用？如果我爱一个人，我不会奢望她比我优秀，只希望在一起之后，她可以变得更好，我也可以变得更好。爱情，不应该是这样吗？向着彼此对爱情的信仰、对婚姻的信仰、对家庭的信仰，拧成一股绳，在同一个着力点发力，朝着最幸福的爱情、婚姻和家庭前进。

　　如果两个人的爱情依然寂寞，还不如一个人孤单。如果爱情不能让你变得更好，你还努力什么？如果爱情不能让你变得更好，还不如不爱！

# 你只是还没遇到想对他撒娇的那个人

爱情，哪有什么道理？如果你没有真切地爱过一个人，又怎么能想通身高一米八的大男人会爱上身高一米五的小女人，八块腹肌的猛男会爱上一身赘肉的胖妞。

身边的一些女性朋友，一旦看到某对情侣或者夫妻不般配时，就开始指指点点："他长得那么丑，女方接吻的时候怎么下得去嘴？""他家里那么穷，女方跟着他是不是每天只能喝西北风？""他俩脾气都那么大，在一起生活不得天天打架？""他俩都三四十岁的人了，还整天打情骂俏，不害臊吗？"

寒子也是我的一个女性朋友，在她的定义里，只有一个人过好了，才有资格谈恋爱，才有幸福的未来。可是，她从来没觉得自己过得好。她出身教育世家，父辈和祖辈都是乡村教师。在农村，老一辈的知识分子更爱面子。她的父母常常告诫她，农村的女孩子更要学会独立，不能总是依靠他人，否则一辈子也走不出大山。

在这种教育的影响下，寒子早早地养成了独立人格：饿了自己买菜做饭，病了自己去看医生，痛了自己舐舐伤口。寒子认为，不轻易麻烦别人，是世界对她的最大认可。生活中，她的能力足够扛起自己的那一片天。爱情中，她……她暂时还不需要爱情。

比如，大学室友卧谈时聊起谁和谁恋爱很甜蜜，寒子觉得矫情。寒子说，如果她谈恋爱了，绝对不会让男方送花、送礼物，更不需要男方的表白或者情人节的惊喜，只要男方的心里认定了她，嘴上说不说，一点都不重要。她对那些甜言蜜语根本就不在意，甚至偶尔想到，还会惊出一身鸡皮疙瘩。

生活中，总会有这样的人，比如他不爱骑行，看到别人骑行几千千米穿越几十个城市，就觉得人家是吃饱了撑的；比如他不爱看书，听闻朋友花了几年时间看了几百本书，就觉得人家浪费了大好光阴；比如他从未谈过恋爱，发现自己暗恋的女生跟别人好了，就觉得人家肯定没有好结果。其实，他不理解的，他认为不可能的，往往是因为他不曾经历。如果他经历过，就会觉得自己所有的付出都是值得的。

有一天，寒子突然对我说，她恋爱了，可她不明白，到底是恋爱让她的智商变低了，还是她为了一个人，丢掉了一直坚守的信仰。她觉得，自己恋爱之后好像变了一个人。以前她预想的恋爱后绝对不会做的事，现在都做了。她会在半夜不由自主地抱着男朋友说

"我爱你"，会在男朋友出差的时候撒着娇问"你什么时候回家"；会在逛商场的时候不讲道理地说"我就要买那件衣服"。

我说，恋爱不会让人的智商变低，而会让人用无数种自己知道的或者自己曾见过的，甚至超乎自己想象的方式来示爱。

每一个女人都有柔弱的一面，那些所谓的女汉子，之所以表现出一副大大咧咧、雷厉风行的样子，是因为她还没有遇到爱情，还没有遇到那个可以让她撒娇的人。

# 那些吵着闹着说要走的人，一般都不会走远

恋爱前的木姑娘常说："做人不要太矫情，能动手的时候就少动嘴。"

作为一个理科生，她最讨厌伤春悲秋，比如别人看到落叶纷飞，忍不住念一句"无边落木萧萧下"，她会满脸鄙夷地说："你赶紧穿越到唐朝吧，这个时代不适合你。"总之，她觉得，无论男女，都应该活得阳光一些，别整天千愁万绪的让人看着揪心。

不过，再刚强的人，在爱情面前，也会有柔弱的一面。只要爱上一个人，他的一言一语、一举一动，都能让你产生复杂的情绪。

木姑娘也一样，自从她爱上了秦先生之后，常说"女人偶尔还是矫情一点比较好，毕竟能动嘴的时候就少动手，免得伤了和气"。

木姑娘和秦先生都是急性子的人，动不动就能吵起来，几乎每个月都有那么一两次吵到要分手。木姑娘每次都是骂骂咧咧的，吵

完就收拾东西要离家出走。秦先生每次都是先败下阵来的一方，不得不说尽好话，求着木姑娘留下来。

吵得再凶也别动手，骂得再狠也别说分手。恋人之间，很多时候之所以吵架，不过是想告诉对方"我为了你付出的爱那么多，你却回馈那么少"。为什么要吵？是因为恨铁不成钢，是医为心有不甘。嘴上说着要离家出走，其实是希望你挽留。

小六昨天给我发微信，说他准备离开了。爱情是需要双方共同经营的，可是他越来越觉得，在这个剧本里，他一直在圆场，而苏小姐却一直在拆台。比如跟女同事吃顿饭，苏小姐怀疑他变心了；接了一个女同学的电话，苏小姐怀疑他旧情难断；买束花给女客户一个惊喜，苏小姐怀疑他做了对不起她的事。两人三天一小吵，五天一大吵，每次都吵到某小姐说要分手。

有一次，小次接到一个临时的紧急出差任务，苏小姐却威胁他必须陪她吃晚饭、看电影，否则就分手。小次选择了出差，苏小姐打电话、发短信、发微信，他一概不理，只是安安静静地完成了工作上的任务。回家后，小次很冷静地跟苏小姐说他们不合适，他决定分手。

绝望，通常都是无声的。爱的反面，不是恨，而是从今往后，你的喜怒哀乐与我无关，我的贫穷富贵不要你管。现实中有很多情侣，吵着吵着就不吵了，就是想着给对方一点时间，希望彼此都能认真反省一下。可是，原本计划着过几天再联系，几天之后却发现，少了他好像也行，似乎没必须再联系了，然后就真的走远了。

其实，情侣之间，夫妻之间，哪有隔夜的仇？只要没有变心、没有动手、没有口无遮拦，哪怕吵得再凶，也会有复合的一天。

不管是男人还是女人，吵架中，无声、无言才是最大的恐怖，争吵不过是希望被需要、被挽留。而那些吵着闹着说要走的人，一般都不会走远。

永 远 别 放 弃 做 个 有 趣 的 人

PART E

你有趣了，世间所有事都会变得有趣

生活常常告诫我们，只要你足够坚强、足够勇敢，所有的挫折和苦难都只是来磨砺你的，总会有阳光来见证你的强大。无论爱情还是事业，我都始终坚信明天会更美好，可是，在我受伤的时候，在我觉得孤单的时候，能不能不嘲笑，让我哭完再勇敢？

# 没伞的人，通常都跑得比较快

爱情出现危机的时候，你不赶紧挽救，等被甩了才知道难过，有什么用？

工作出现危机的时候，你不赶紧补救，等被辞退了才知道后悔，有什么用？

生活出现坎坷的时候，你不赶紧开辟坦途，等摔得头破血流了才知道痛，有什么用？

固守乡村的人，永远不知道繁华都市意味着什么；甘居底层的人，永远不知道登高远眺的豪情。其实，无论爱情、工作，还是生活，不怕起伏，最怕平淡，不怕平凡，最怕麻木。

提子小姐刚进公司的时候，因为长相俊俏、声音甜美，成为大家眼里的花朵，做什么事都会受到照顾。人事经理特意交代行政给提子小姐录指纹，做工作牌，发办公物品，甚至亲自带着提子小姐去认识中高层领导和各部门经理；男同事们热心地给提子小姐介绍公司附近的快餐店，给她讲解公司的人事关系；同一件事情，如果是别人做错了，常常被领导骂得狗血淋头，而提子小姐做错了，领导却和颜悦色地说："没关系，下次注意就好。"

和提子小姐几乎同时进公司的香烟先生，待遇就不行了。他大专毕业，长相一般，身高刚过一米七，一进公司，就被分配了各种苦活、脏活。他掐点儿到公司，在领导眼里是工作不积极；他不去吃麻辣烫，在同事眼里是没有团队精神；一份材料没有按时完成，就被大家讽刺大学白上了。

香烟先生进这家公司，算是拼尽全力，从几十个应聘者中杀出一条血路。为了能圆满地通过试用期，他几乎每天晚上都在恶补各项业务知识，无论脏活、累活，只要公司有需要，他面带微笑，二话不说就往前冲。提子小姐有时候很纳闷，问香烟先生何必这么辛苦。

提子小姐的父母是商人，家里不缺钱，每天下班，提子小姐的爸妈或者他们的司机会来接她；而香烟先生的父母是下岗工人，家境特别差，他的大学学费是助学贷款，生活费是勤工俭学赚来的，毕业后和几个同学合租。

香烟先生很肯定地说，丢了这份工作，提子小姐照样可以生活得很幸福，但他估计连饭都吃不起。他和提子小姐不一样，他没得选择。

不知道在职场中，你们有没有遇见过这样的人，虽然不优秀，但绝对不甘于平庸。碰到不懂的，学，碰到不会的，问，时刻都干劲儿十足。哪怕别人嘲笑他傻，他也不反驳，而是朝着既定的目标努力。

试用期结束后，香烟先生和提子小姐都顺利转正了。提子小姐转正后调到了公关部，公司本想让她依靠出众的外表，在谈判桌上、在酒桌上发挥作用，可是提子小姐拒绝做这些事，几个月后又调到前台，虽然工资不高，但至少工作轻松，她也乐得轻闲，一年后，她突然辞职，来了一场说走就走的旅游。

香烟先生凭借在试用期的钻研和学习，转正后快速适应了岗位，并在半年后的岗位竞聘中被任命为产品经理。因为踏实肯干，又具备优秀的团队领导能力和产品研发能力，不到半年时间，他的团队业绩翻了两番，一年后被破格提拔为项目经理。

相信无论是提子小姐还是香烟先生，像他们这样的人，你都碰到过或者听说过。

有一种人，毕业后让父母陪着去面试，工作多年却还是靠着父母的钱生活。被领导骂几句，走路不小心摔倒了，第一时间哭着找爸妈。对待生活和梦想，他们没有太多的想法和主张，反正背靠大树，开心就好。

也有另一种人，从小就背负起家庭的重担，清楚肩负的责任，找工作不依靠任何关系，想升职靠自身的努力，摔倒了自己爬起来，流血了自己擦干净。对待生活和梦想，他们全力以赴，不惜拼得头破血流。

其实，对于大部分人来说，梦想，不怕小，就怕没有；不怕摔倒，就怕驻足；不怕遥远，就怕一直在等天晴、等日出、等开往前方的列车恰好经过。很多时候，只有你努力了才会看到，追求梦想的道路上，总会有刮风、下雨的时候，而那些没伞的人，通常都跑得比较快。

# 与其抱怨，不如改变

生活，就像是一条河流，无论前方是潮平岸阔还是暗礁密布，你只许往前走，不能往后退。从跌倒后哭哭啼啼不知所措，到奔跑时脸上那自豪的微笑，不经历跌倒的孩子永远也学不会走路。

成功的路上，必定有鲜花，也有荆棘；有欢笑，也有眼泪；有梦，当然也有梦碎的时候……人生的道路也总会有许多坑坑洼洼，摔倒后，每一次抱怨和愤懑，会阻碍你前行的步伐，而每一次接受和改变，将激励你勇往直前。

刚毕业的苏小姐在一家公司做文案，工资不高，但她认真地做好每一件事。从踏进公司的那一刻起，抱着学习态度的她处处小心留意，一心要把工作做到最好。别人不加班，她加；别人不想做的脏活、累活，她做。没有什么职场经验的苏小姐，只想通过自己的努力，赢得公司的认可。

但她的努力并没有引起老板的注意，相反，却让她的同事心生怨念。他们认为苏小姐太爱出风头，一个人完成整个部门的工作，不把前辈放在眼里，没有一点团队精神，而且"屡教不改"。慢慢地，大家开始在背后诋毁她，在工作中孤立她、欺负她，几次三番地打她的小报告，她的主管也认为她不称职。

两个月的试用期后，苏小姐被叫到人事副总的办公室，人事副总对她说："对于企业来说，最重要的是团队精神，如果所有人都觉得你不行，那说明你并不适合这个公司，特别是在私企，每一分钱都得花在刀刃上，像你这种人，不适合出来工作。"

苏小姐被说傻了，她不知道自己哪里做错了，更没想到自己的付出竟然得到这种评价。不过她没有生气，而是微笑着说："你说我不适合出来工作是你的看法，这并不代表我的能力就是如此。"

人事副总也毫不客气，他说任何一家企业都不需要苏小姐这种爱出风头的人，任何一个团队都不需要苏小姐这样的老鼠屎。

面对人事副总的刁难，苏小姐一直保持冷静，她说她尊重他的看法，但无论他怎么说，她都相信自己的能力，也相信自己的认真。此外，苏小姐很正式地宣布，从今天开始，她辞职了。

辞职后的苏小姐，并没有受前一家公司的影响，更没有因此而怀疑自己的能力。相反，她开始总结，为什么自己辛勤劳动却被人诋毁？被指责没有团队精神？正是这次辞职，让苏小姐领悟到并非每一个团队都适合她的理想。

之后，苏小姐从销售做起，被无数人当成骗子，遭到无数人的白眼，被主管一次又一次劈头盖脸地说没用。每次受挫，苏小姐都冷静地分析其中的原因，总结不足之处，再乐观地前行。没几年光景，她成为某品牌大区金牌销售，带出了数十个精英销售团队。

相信，很多人都遭遇过这样的情况，被客户骂得狗血淋头，被同事说没团队精神。面对同事的误会时，不必急于反驳，没有人会无来由地误会你，除非是你的行为损害了他们的利益。遇到辱骂，首先要冷静，这样你才能看清自己的缺点，才能看清辱骂背后的起因和机遇。

面对打击，不要一蹶不振或者怨天尤人，而要冷静地分析自己失败的原因，找准问题，改正问题。跌倒了，就爬起来继续勇敢地走下去，何惧没有鲜花和掌声？

每一个团队其实都有自身的气质，有些团队适合做事业，有些团队适合混日子。对于你来说，选择一个什么样的团队，决定了你未来的生存方式，以及与理想之间的距离。

所谓的成功，不过是一次又一次选择，一次又一次跌倒、前行、再跌倒、再前行。

通往成功的大道上，困难、挫折必不可少，每一次跌倒后的深思，每一次爬起后的前行，都将助力你披荆斩棘，拉近你与梦想的距离。每一次跌倒后的领悟，都是一种成长；无数次跌倒后的领悟，便是成功。

# 姑娘别怕，皇冠不会掉

卫姑娘拽着我的手说："哥，我真的很想哭。"

我认识卫姑娘五年了，这是她第一次跟我说她想哭。

五年前，大专毕业的卫姑娘加入了北漂大军，成为我的邻居。我们合租的是一套三居室，我住次卧，她住书房。因为上下班时间不一样，所以，彼此并不算熟悉，只有周末休息时能说上几句话。

卫姑娘的第一份工作，是站在马路上给等红灯的车辆发传单，每天赚三十元到几百元不等。她的第二份工作是销售客服，底薪加提成，一个月也不过两千多元。

尽管生活并不算精彩，但卫姑娘的脸上却时时挂着笑容。

在小区外一起吃烧烤的时候，我好奇地问卫姑娘："你为什么北漂？为什么每天都笑得那么开心？"

卫姑娘说："我北漂是为了追逐梦想，我正朝着梦想前进，难道不值得高兴吗？"

梦想？年轻人说得最多的就是这个词，近年来的各种选秀节目中，主持人或评委也经常问参选成员："你的梦想是什么？"

北漂的我，从最初的壮志凌云，慢慢地变成壮志未酬，再到得过且过。时间是最好的刽子手，它比庖丁的技艺还要高超，它会慢慢地剥离那些多余的泡影，留下那些血淋淋的现实。

卫姑娘不一样，她给我看了一张详细的人生规划表，详细到什么时候做什么职业，什么时候升到什么职位，甚至什么时候谈恋爱，什么时候结婚。卫姑娘说，发传单是想锻炼自己的脸皮，哪怕被唾弃、被辱骂仍旧能保持乐观的心态，而做销售客服，是想提高自己的表达能力和洞察能力，用最短的时间了解客户的需求和消费潜力。

工作之余，卫姑娘也没闲着，她参加了各种销售培训班，以试听免费的课程为主。她房间的电脑、衣柜和床头贴满了各种励志口号，桌上和书架上堆满了经济学、销售管理、人力资源、心理学、法律等书籍。

但是，这个世界上的事情，并不是努力了就一定会有好结果。

卫姑娘连续六个月都是大区销售冠军，老板正要提拔她为销售总监的时候，却被同事穿了小鞋，不仅失去了销售总监的职位，还丢了工作。

因为这个打击，卫姑娘把自己锁在房间里整整三天，憔悴得不成人样。那几天，我跟她说了很多，建议她趁这次离职，出去旅游散散心。

卫姑娘没有采纳我的建议，几天后，她化了一个很美的妆容，又去面试了。

我问卫姑娘："你这么努力是为了什么？"

卫姑娘说："我不低头，皇冠会掉；我也不哭，贱人会笑。"

卫姑娘的老家在农村，父母都是农民，好不容易供她读到高中毕业，高考分数只够上大专，就让她去打工，但她死活不同意，最后去念了大专，大学三年通过兼职、助学贷款等，没花家里一分钱。毕业后，父母又想让她回到小县城，找个稳定的工作，她又一声不吭地带着几千元钱加入了北漂大军。

我跟卫姑娘说，她不必这么拼，不必非要做给谁看。

卫姑娘不同意我的观点，她说，她不是要做给谁看，而是要做给自己看，她可以笨，但她绝不以笨为借口选择过平庸的生活，与其平庸地活着，还不如壮烈地死去。

换了一份工作后，卫姑娘更忙了，经常加班到深夜，或者一个月里有半个月都在出差，我们见面的次数越来越少。

现在，卫姑娘已经是某电器的大区销售总监，年薪二十万加提成，仍旧单身，仍旧整天加班、出差。

我早已离开了北京，回到了老家福州工作。每次我去北京出差，跟卫姑娘一起吃饭时，她都在忙着接业务电话。直到她跟我说"哥，我真的很想哭"时，我才觉得，她真的累了，这种为了梦想，遵照计划按部就班的生活让她觉得累了。

累到不知道该怎么谈一场轰轰烈烈的恋爱，不知道该怎么来一场说走就走的旅行。也许，有些念想，一旦错过了，就成了奢侈品。

无论是男人还是女人，专注的时候最有魅力，可是，一旦专注，就必然要放弃很多东西。

选择有风险，寻找梦想的道路一样也有风险，成功意味着付出有了价值，但如果失败了呢？

对于女人来说，我鼓励每一个女人有独立的梦想，但绝不赞同一个女人为了梦想拒绝爱情、拒绝哭泣。累的时候，不妨停下来休息一会儿，不用怕别人超越你，只要你养足了精神，总会有反超别人的机会。委屈的时候，不妨停下来大哭一场，不用怕贱人嘲笑你，擦干眼泪你依旧很闪亮。当命运需要的你低头的时候，不妨低一下头，不用怕皇冠会掉，低头是为了更好的抬头。

饿了就吃，困了就睡，痛了就哭，爽了就笑，做人何必那么累，你若不幸福，抬头给谁看？

# 我瞎，我高兴

你信不信，当你为了事业三十岁还不结婚时，亲戚朋友会说你不孝；当你为了结婚耽误了事业时，他们又会说你目光短浅。

你信不信，当你坚持跑步半年体重却只减了两千克时，别人笑你瞎折腾；当你喜欢一个人三五年最后无果而终时，别人笑你瞎了眼。

思思前几天跟我抱怨，说她今年流年不利，她在公司干了三年，看着公司从五六个人发展到二十几个人，结果说倒闭就倒闭了；谈了两年准备领回家见父母的男朋友，说变心就变心了；小区门口那家吃了一年的早餐店，说关门就关门了。生活，似乎总以我们意想不到的轨迹在向前发展。

两年前，思思的大哥劝她赶紧换一份工作。大哥说，思思的那份工作，其实就是老板没钱瞎忽悠，领一个人的薪水干三个人的活，还动不动就得加班。找工作还是得现实一点，有钱的奔钱途，没钱的奔事业，她死心塌地图的是什么？

思思说，她喜欢一群人不论身份为了一个方案群策群力，喜欢一群人通宵达旦为了一款设计全力以赴，喜欢一群人不分彼此为了一个公司齐头并进。

思思说，她不图钱、不图名，就图个高兴。

除了工作外，身边的人对思思的爱情也很有看法。

思思是名牌大学毕业，父母经商。她的男朋友自小父母离异，为了工作，经常喝酒喝到三更半夜。思思说，男朋友是她真正意义上的第一个男人，彼此有甜蜜、有争执、有誓言、有谩骂，她愿意为了他放弃一切。

思思的家人、闺蜜、朋友，都怀疑思思是被下了蛊。无论身材、样貌、家庭条件，思思都可以把她的男朋友"甩几条街"，这种男人有什么好？

其实，生活原本就很纯粹，哪有那么多的图什么？因为喜欢音乐，所以在音乐棚里订盒饭也吃得有滋有味；因为喜欢表演，所以在剧组里当剧务也乐此不疲；因为喜欢看书，所以在图书馆里当管理员也干劲儿十足。在兴趣的范围里投入专注，生活才能变得多彩阳光，至于最后，会不会变成所谓的成功人士，并不是那么重要，不是吗？

爱情其实也很简单，哪有那么多的凭什么？衣衫褴褛、身无分文又怎样，风度翩翩、家财万贯又如何？为了你这一粒沙子，哪怕错过再多的浪花和贝壳，又能怎么样？我爱你，只凭着一句话，就够了。

在我看来，思思确实够倒霉的，但是她所做的一切和她所经历的一切，足以让她不悔不恨，至于结果，还有那么重要吗？

我们的生活又何尝不是这样？你找到一份待遇好的工作，别人说你公司的人事眼睛瞎了；你干着一份待遇差的工作，别人说你眼睛瞎了；你和一个比自己优秀的人恋爱，别人说你的恋人眼睛瞎了；你和一个比自己差的人恋爱，别人说你眼睛瞎了。可是，工作并不仅仅是为了工资，干得开心最重要。爱情并不仅仅是为了结婚，爱得幸福最重要。

如果有一天，你身边的人苦口婆心地告诫你，说你现在的工作没前途，辞职吧；说你爱的那个人很差，分手吧；说你努力的方向错了，调头吧，你可以理直气壮地回敬他们："我瞎，我高兴。"

# 可不可以让我哭完再勇敢

不知道，受伤的时候，你有没有这么想过：我不会退缩，也不会低头，他在哪里说的分手，我就要在哪里找到真爱；我不会难过，也不会流泪，在哪里摔的跟头，我就要在哪里站成永恒。

无论男女，受伤的时候其实都一样，都需要安慰，都需要疗伤。表面上装得很坚强，装得无所谓，谁又能知道你的泪水浸湿过几条枕巾，你几次半夜在噩梦中惊醒，你一个人强撑着有多无奈？

落落最难过的时候，一个人在房间里喝了一整瓶红酒。她以前从不喝酒，突然去超市买了一瓶普通红酒，从第一杯的难以下咽，一直到坐在落地窗前，看着车水马龙，忘记了是泪水还是酒的滋味。

落落大学毕业后在一家广告公司工作，一年后正准备升职为媒介经理时，被同事诬陷，最终丢了工作。她还没来得及找工作，没来得及难过，家里就打来电话，说她的母亲确诊为肝癌晚期。一个月后，母亲去世，半年后，父亲因为悲伤过度，突发脑出血，也去世了。

落落是一个坚强的姑娘，除了在送葬的路上流了几滴眼泪，她再也没哭过。

认识落落缘于她在微信后台给我留言：如果一个人越努力，坏运气越会缠着她，该怎么办？

落落说她真的很想哭。丢了工作，她不怕；父母过世，她不哭。可是，相恋多年的男朋友，在她最需要的时候选择不辞而别，这让她觉得自己的人生就是一场悲剧。

我记得我以前的QQ签名是"越努力，越幸运"，后来改成了"越幸运，越努力"。如果没有强大的内心，一个人需要努力多久才能盼来幸运；如果方向对了，也努力了，可是幸运一直不来怎么办？如果你努力工作，换来的是被炒鱿鱼；如果你奉养双亲的愿望，被命运掐断在途中。你还能勇敢多久？

双双跟男朋友分手的当天晚上，打电话给我，前言不搭后语地讲了将近一个小时，末了让我去陪她喝酒。赶到KTV的时候，双双把灯都关了，一个人躲在沙发角落，看到我来了之后，笑着站在沙发上，拿着话筒对我喊道："莫主编，我们今晚不醉不归。"

双双的男朋友跟双双在一起不到半年，双双就多次撞见他跟不同的女孩约会。我早就告诫双双，当断则断，继续纠缠下去，迟早得后悔。双双说，她相信男朋友会悬崖勒马，也会回心转意。

我骂双双，能不能争点气，能不能勇敢一点，甩掉这个渣男，应该高兴才对，有什么好伤心的。双双连着倒了三大杯啤酒，一口气喝完后，大笑着说，我哪里伤心了，我很高兴呀，我都已经把他给睡了不是。后来，双双却一直哭，重复着说，她其实很想睡他一辈子。

谁的成长没有一点磕磕碰碰，谁遇到困难的时候没想过逃避，可是，身边似乎总有人在等着你出丑，等着看你的笑话，于是，你在心里暗暗地鼓励自己：别低头，王冠会掉；别流泪，贱人会笑。一个人，懦弱久了，会觉得孤单，勇敢久了，也会觉得不安。再坚强的人，他的心里也会有一个柔软的角落，不说，不代表没有，不碰，不代表不会痛。

生活常常告诫我们，只要你足够坚强、足够勇敢，所有的挫折和苦难都只是来磨砺你的，总会有阳光来见证你的强大。无论爱情还是事业，我都始终坚信明天会更美好，可是，在我受伤的时候，在我觉得孤单的时候，能不能不嘲笑，让我哭完再勇敢？

## 会有那么几次，你假戏真做了吗

不要否认，当身边的朋友都说你和他很般配的时候，如果你不排斥他，不反感他，哪怕对他一点感觉也没有，也总会有那么一次，偷偷地想着：如果他是你的男朋友会怎样？

不要怀疑，当你想了第一次，一定会有第二次、第三次，你会开始注意他的行为，注意自己的心跳。也许，就有那么一次，突然会有一种恋爱的冲动，会有一种想去试探的冲动。

小妍嫁给了一个她意想不到的男人。从第一眼看到他，就觉得跟他肯定没戏；后来牵手了，依然觉得此情不会长久；直到结婚了，才意识到怎么就稀里糊涂地嫁人了。

小妍是在一次野外烧烤聚会上认识他的，她走错了地方，吃错了烤翅，吃人嘴短，在他客套地说留个联系方式的时候，她就真的留下了。后来，他请小妍吃饭，小妍想了想，吃吧，还欠他一份烤翅呢；他约小妍逛公园，小妍想了想，反正是周末，闲着也是闲着，逛逛还可以呼吸新鲜空气，就答应了；他送小妍喜欢的漫画书，小妍想了想，收吧，又不是什么贵重物品。

后来，小妍下班后觉得回家没意思，心想，约他一起吃饭没什么吧；放假了，朋友都去旅游了，小妍心想，约他一起逛逛街也没什么吧；朋友送了两张观影券，小妍心想，约他一起去看电影肯定也没什么吧。

小妍自己都不清楚，她是从什么时候开始下意识地认为，出门干吗要查路线、找地点，有他呀；干吗要考虑去哪里吃、什么时候回家，有他呀。哪怕，彼此都心照不宣地明确表示过，只想成为普通朋友。

小妍说，他第一次"表白"是喝醉之后给她打电话，聊了大半个小时，他说反正两个人都这么好了，问小妍能不能做他的女朋友。小妍很肯定地对他说，酒可以乱喝，话不能乱说，可是心脏真就加速跳动了那么七八秒。

不知道你的爱情，是从玩笑开始的，还是从假装开始的。比如两个年轻人都喜欢文艺，就互相开玩笑说两人在一起真的是天造地设，后来就成了。比如两个年轻人都喜欢恶趣味，就互相故作严肃地说两人不在一起真的是天理难容，后来也成了。比如你非常讨厌的一个男生一直缠着你，而你的父母正催着你找对象，于是你让一个要好的同事假扮你的男朋友，一方面拒绝那个男生，一方面搪塞你的父母，本想以假乱真，殊不知后来却假戏真做了。

所谓的铁石心肠，不过是用力不够，用错了方向，或者根本没想过用力。人都是有感情的动物，都能被软化、被感动，无论你是金钢板还是水泥墙，总会有人能让你主动给他开一扇门。

怪豆最近很烦躁，喜欢上了闺蜜的男朋友威先生。闺蜜和威先生约会的时候经常叫上怪豆，无论是吃饭、逛街、看电影，还是去海边、公园、郊外。有时候，闺蜜去不了，就变成了怪豆和威先生的约会。遇到这种情况，怪豆通常会煞有介事地警告威先生不能对她有非分之想。

可是，怪豆总会不自觉地想，她是在和威先生约会吗？威先生如果是她的男朋友会怎么样？有时候，怪豆会说一些荤段子，比如她抢了她闺蜜的男朋友，开玩笑说威先生变心了，在和她偷情。直到有一段时间，闺蜜和威先生休年假去国外旅游，怪豆突然觉得做什么事都没劲，莫名其妙地会回忆起她打趣威先生时的情景，甚至会梦到威先生。

总会有那么几段感情，闹着闹着就分开了；也总会有那么几段感情，闹着闹着就动心了。有时候，以为开开玩笑无所谓，谁知道对方突然就对你动情了；有时候，以为打打闹闹没关系，谁知道你无意间说叫他滚远点，他真的就滚了，而且还很远，再也不回来了。

人生中总会有假戏真做的时候，只希望发生在你身上的，都是幸福与阳光。

# 别傻了，这世上哪有什么唯一

你发现了吗？

那些我们从未想过要离开的人，一不留神就离开了；那些我们曾经储存的手机号码，一不留神就删除了；那些我们以为永远也不会忘记的人，一不留神就忘记了。

一段恋情开始的时候，你总是不自觉地认定他就是你世界的唯一，谁也偷不走、抢不走；结束一段恋情的前几天，你仍旧相信，他总有一天会回来，托起你含泪的脸颊说："宝贝，我错了，我回来了！"

你觉得，他是你今生的唯一。可是，世上哪有什么唯一。

小希和她的男朋友相恋七年了，从高中、大学，一直到毕业。这七年，她驳斥所有人关于他们爱情的忠告，拒绝所有人的暧昧和追求，她不相信爱情会有什么奇迹，但坚信只要两个相爱的人一起努力，最终会有美好的结果。

她的男朋友高中毕业后就辍学了，为了照顾小希，跟着小希一起到了她上大学的城市，在学校周边的餐馆打工。

小希无视同学、朋友对于她跟一个服务员谈恋爱的嘲笑和讥讽，甚至高调地在校园的林荫道上跟男朋友牵手同行。

小希说，爱情不分等级贵贱，他会每天跟我说早安、晚安，他会在我需要的时候立马出现，在我不需要的时候悄悄离开，下雨的时候第一个送伞到我的教室门口，我生日的时候第一个为我唱生日歌。他在细心呵护我的同时，更在努力地为我铺一条平坦的路。他那么爱我，把我当成了他世界的唯一，我有什么理由嫌弃他？

大学毕业后，小希在一家4A广告公司工作，她的男朋友仍旧是一个服务员。学历、工作的不对等，让小希越来越觉得，不是他不好，只是之前小希还没有遇到一个足够好的人。当小希为了一个创意绞尽脑汁的时候，他只会说休息一下，我给你倒杯水吧；当小希带他去参加同事聚会的时候，别人谈笑风生，他却只能自顾傻笑；当小希为了超级创意的产生而兴奋不已的时候，他除了会说恭喜，再没有更多的话。

直到分手，小希都觉得自己是爱他的。只是，生活并不是只有爱。

对于一个女人来说，七年的陪伴绝对是足够长情的，长情到小希早已经把他的影子深深地嵌入了自己的生命里。他知道小希所有的辉煌与不堪，也知道小希所有的倔强与不安，他知道小希接吻的方式，牵手的高度，拥抱的力量，甚至是做爱的节奏，他用时间证明了小希是他生命里唯一的女人。可是，他听不懂小希的幽默，看不懂小希眼角的泪，理解不了小希一个通宵只为改一句文案的努力，他除了说"我爱你"，便没有更多示爱的方式。

生活时刻都在前进，久别重逢的老友可以畅聊几个小时，朝夕相处的恋人又怎么可能每天拿着过期的回忆来当今天的调料？

小希说，她想给自己一年的时间，独自前行，如果累了，如果他还在原地，就回到他身边。

对于很多曾经深爱过，最后迫于各种压力分手的恋人们，是否也曾许下过这样诺言：让时间来证明我对你的爱，无论何时，你若来，我还在；等我事业有成的时候再风光地迎娶你？等我在那一场说走就走的旅行中走累了，再回来找你；如果几年后，你未嫁我未娶，我们就结婚……

前段时间，在电视上看到一个节目，一个富家女和一个穷小子相爱了，不般配的两个人遭到了女方家长的强烈反对，甚至布局捏造穷小子拿了女方20万元的分手费，然后人间消失。虽然最后证明了穷小子并没有拿那20万元，但是两个曾经视对方为唯一的恋人，决心要手牵手冲破一切困难险阻的恋人，一个用了半年的时间以泪洗面，一个用了半年的时间移情别恋。

你若来，我还在。

可是，如果他一直不来呢？如果他不是一个人回来呢？你在不在、在多久，又有什么意义？再刻骨铭心的爱情，一旦分开了，彼此的生命总还会陆续地闯进一些相似或者更优秀的人，他们终将会取代他的位置，陪你走到最后。

那些在失恋的阴影里走不出来，顽固地认为他一定会回来，不放弃、不甘心的人们，别傻了，这世上哪有什么唯一。既然选择了分手，就别逃避，就大声地宣泄出来，宣泄之后，就请放下。

别傻傻地站在原地等他回来，请你继续你前进的步伐，继续你追求幸福的脚步。我相信，只要你乐观前行，总会有一个你喜欢的人，在不远处面带微笑地等着你。

# 别再拿不感兴趣当借口了

你的生活中肯定也有这样的人，你请他去吃烤鱼、去吃火锅，他说没兴趣；你约他一起去逛街、去看电影，他说没兴趣；你约他去逛公园、去旅游，他也说没兴趣。也许他真的对你提出的建议不感兴趣，也或者，他只是对你不感兴趣。

你的生活中会不会也有这样的人，约他一起早起去看日出，他说没兴趣；约他一起加油，报考重点大学的研究生，他说没兴趣；约他一起写字，把心里的故事写出来，他说没兴趣。也许他只是对你不感兴趣，也或者，他感兴趣了，又有什么用？

果壳在一家传媒公司上班，做文案编辑，每天的工作就是在电脑上复制、粘贴资料。因为工作很单调，果壳总想着去学点什么，比如，想去考会计证，看了几页课本后，觉得太深奥，就丢到了一旁；想去运动健身，去了两次后嫌累，就再也没去；想学一门外语，兴致勃勃地念了几天后，觉得单词不好记，又放弃了。朝三暮四了半年多，果壳什么也没有学成。

有一次，因为美编临时请假，部门又有一个急活需要处理，主管就安排果壳去做，果壳很畅快地答应了，等到要出结果的时候，果壳才反馈说她没办法完成，理由是她对设计、印刷不熟，也不感兴趣。

果壳觉得人生需要不断地挑战自己，但不必去作践自己，比如不喜欢吃辣，为什么要去吃？不喜欢玩网游，为什么要被别人拉着去"刷怪"？不喜欢和陌生人打交道，为什么要参加聚会？

因为工作量小，积极性又不高，果壳在公司待了两年，待遇一直没有提高，她便想着换工作。恰好她亲戚所在的公司在招人，看了招聘简介后，无论是工作环境、工作待遇，还是工作氛围，工作前景，她都很感兴趣，就立马找到了亲戚，让他帮忙推荐一下。几个星期后，她却连面试的机会都没有得到。

果壳很失望，觉得自己的人生就是一个又一个的坑。高考填志愿的时候听从父母的意见，报了一个不感兴趣的专业，因此浪费了四年；第一份工作为了混一口饭吃，找了一份不感兴趣的工作，因此浪费了一年；为了让家里人满意，和一位不感兴趣的男生恋爱，浪费了美好的时光。果壳想不通，为什么她感兴趣的人不喜欢她，她感兴趣的工作不录用她，仿佛全世界的人都过得无比滋润，就她过得旱涝不收。

生活中有很多这样的人，明明心里很渴望一段爱情，却因为看不起追求他的人，配不上他喜欢的人，便说对爱情不感兴趣；明明心里很喜欢某份工作、某个岗位，却因为资质不够、能力不足，便说对那个岗位、那份工种不感兴趣。

其实，生活哪有那么刚好。就像果壳一样，不喜欢报考的专业，干吗不用课余时间自修自己喜欢的专业？不喜欢临时的工作，干吗不在工作之余培养一项自己喜欢的技能？不喜欢现在的男友，干吗不努力提高自己的气质、修养，配得上更优秀的人？

因为卡里余额不足，朋友约你一起看车、看房的时候，你说你对车、对房不感兴趣；因为自知条件一般配不上心仪的人，你说你对他不感兴趣；甚至是同事、朋友聚会的时候没有叫上你，你也安慰自己说，本来就没想去，对聚会一点都不感兴趣。

很多时候，所谓的不感兴趣，不过是因为怕辛苦、怕麻烦，是一直不愿意花时间、花力气去改变现状。兴趣本身并没有那么大的作用，它既不能让你当饭吃，也不能让你当钱花。只有当你愿意为了你的兴趣去改变的时候，兴趣才有它的意义。

所以，当你条件一般、资质平平，碰到喜欢的人、钟爱的工作却得不到时，不要再安慰自己"不感兴趣"了，事实上，就算你感兴趣又能怎么样？

# 聪明的女人会撒娇

我非常佩服艾姐,她拼搏了五年,愣是从一个小公司的前台升级为大公司的行政副总裁。更让我佩服的是,她嫁给了一个比她还优秀,且宠她爱她,愿意为她付出一切的"男神"。

偶尔聊天的时候,我问艾姐,长得比她好看,学历比她高,家庭背景比她好的人不乏少数,凭什么她能高人一等、万事顺心呢?

艾姐说,就凭她会撒娇。比如,有个快件中午前必须收到,快递小哥说下午才能送到,艾姐就在电话里跟快递小哥撒个娇,于是快递小哥优先给她送快件;比如,同事们都抱怨高温补贴迟迟不发,艾姐跟老总晓之以理,顺带撒个娇,老总就签字同意了;比如,一些待开发的合作机构不允许外人进场,艾姐备齐了材料,亲自登门,撒个娇,一切都能搞定。

这是一个人情社会,没有人会刻意为难一个爱微笑、会撒娇的女人。职场中，一个会撒娇的女人，能让业务的开展事半功倍。爱情中，一个会撒娇的女人，能让恋人之间的关系更和睦。

吵架了，女人的一句"亲爱的，你抱抱我吧"，可以让男方和好如初；冷战了，一句"我那么漂亮你怎么舍得不理我呢"也能恢复热恋。生活中，一个会撒娇的女人，能让恋人之间的关系更和睦。

女人撒娇，并不意味着降低人格、服软认输，不过是把自己的需求，用更具女人味的方式表达出来。忘带小区门禁卡了，保安不给开门，"保安大哥，帮我开下门吗，谢谢你啦"远比"破保安，干吗不给我开门，有病啊"更能让人接受；和男朋友吵架后，他不搭理你了，"又不全是我的错，明明你也错了一丢丢，干吗那么小气"远比"我错了又怎么样，你没错吗，爱理不理"更能促进和解；老板不给批请假条，"老板你那么善良，就放我几天假吧，我保证不耽误工作"远比"请几天假这么啰唆，我只是给你干活而已，又不是给你卖命"更能征得同意。

有很多情侣，吵架之后，男方不认错，女方也不低头。男方觉得，认错等同于纵容，这样她会变得更嚣张；女方认为，低头等同于示弱，这样他会变得更霸道。另一方面，女方会想，他既然爱我，就得包容我；男人会想，她既然爱我，就得尊重我。其实，恋人之间哪有那么多的原则和仇恨，他笑一笑，她撒个娇，互相给一个台阶，一切都可以解决。

不过，撒娇也分对谁，而且要有一个度。

　　艾姐公司有一个叫小爱的女孩子，特别爱撒娇，而且跟谁都撒娇。求人帮忙的时候，她总喜欢在前面加一个"亲爱的"。无论男女，都是"亲爱的，你帮我打一下包呗""亲爱的，过来帮我看一下这个方案呗"……这种撒娇的话说多了，男同事觉得小爱不自重，女人觉得小爱太做作。

　　撒娇，撒好了是娇，撒不好是作。受伤了借一两杯酒的醉意回家是撒娇，受伤了喝个酩酊大醉回家是作死；高档商场里楚楚可怜地让男朋友买漂亮的包包是撒娇，不依不饶、大吵大闹是撒泼。

　　女人适当的撒娇能激起男人保护的欲望，过度的撒娇只会让男人觉得矫情。在合适的时机，对恰当的人撒娇，能营造一个融洽的氛围；在错误的时刻，对错误的人撒娇，往往让气氛变得尴尬。

　　无论在工作还是在生活中，会撒娇的女人更好命，聪明的女人都应该会撒娇。

# 到处都是迷路的人

红豆跟男朋友分手了。她无法理解，当初那个指引她前进的男人，怎么突然就跟不上她的步伐了。

三年前，红豆和男朋友相识于同一场面试会，闲聊中，两人发现，他们竟然租住在同一个小区，还真是缘分不浅。

刚毕业时工资不高，为了节省开支，两人便商量着一起搭伙做饭；周末待在家里太无聊，为了找点乐子，两人便相约一起外出游玩。

年轻时的感情，往往是因为生活上捉襟见肘，工作上受了委屈时，身边刚好有一个可以互相扶持、互相安慰、互相发泄、互相憧憬的人，然后自然而然地就在一起了。

有一年年关，红豆家遭窃，银行卡、笔记本都被盗了。红豆一时间不知所措，他却镇定自若，带着红豆到派出所登记，到银行挂失，甚至拿出自己的年终奖给她，让她不要因为这件事影响了过年的心情。

红豆说，每一次工作上受了委屈，生活上遇到困难，他都会挺身而出，只要有他在身边，她就能重燃斗志。

然而，他们还是分手了。分手那天，红豆没有大吵大闹，而是安静地收拾好东西，看着坐在阳台上的男人，淡淡地说她走了。

三年来，红豆一直很拼命，从一个小小的行政文员晋升为行政副总裁，而男朋友三年间换了两家公司，从PHP程序员变成了APP架构师。红豆很认真地问过他："你真的想写一辈子代码吗？"

爱情里，当你不再认同他的坚持，而他也不再欣赏你的梦想时，两个人通常会走向岔路口。如果两个人始终朝着同一个方向，哪怕其中一方走得慢一些，也没有关系，怕只怕，他非但不能助力，反而成为你的负担。

之所以会爱上一个人，是因为当生活出现屏障时，所有人都从你身边路过，只有他停了下来，带着你一起拨开云雾，守得日出；之所以会离开一个人，是因为当爱情出现十字路口时，所有人，包括你在内，都觉得他应该与你并肩同行，而他却义无反顾地走向了另一个方向。

你对爱情失去向往，对一段感情失去信心，并不是因为他给了你一张没有日期的车票，而是因为他给了你一张有日期、有价格，唯独没有车次和终点的车票。

　　绿豆准备辞职，离开待了五年的上海。刚到上海时，她住过大通铺，住过地下室，她被面试官嘲笑说专科生凑什么热闹，她被居委会大妈举报发虚假广告，她被上级主管骂活得不如一头猪……

　　不经历人情冷暖和恩怨是非，就不会知道微笑背后的坚强，更不会明白冷静背后的力量。五年来，绿豆从一个轻狂、好强、充满梦想的小女孩，变成了一个柔弱、随和、丢了梦想的职业白领。有时候，她觉得很累，一身名牌，住着高档公寓，拿着六位数的年薪，却越来越感受不到幸福，越来越体会不到生活的意义。

　　很多拼搏中年轻人，在现实面前，棱角被磨平；在生活面前，梦想被击碎；在婚姻面前，爱情被打破。可是，谁不是在磨难中慢慢成长起来的呢？

　　认定了，就坚持；看穿了，就放手。不要因为大家都觉得不行，你就动摇了；也不必因为现实太曲折，你就放弃了。这个世界上到处都是迷路的人，无论是在情字路上走丢了，还是在人生路上落伍了，你不必着急赶路，不妨停下来休息一会儿，相信会有人以你期待或者意想不到的方式，领你前行！

# 别让你的坚持成为别人的一场笑话

曾经有一份真挚的爱情摆在我的面前，我没有珍惜，等到失去的时候才发现，他走得好远好远。

我一个人留在原地，坚持了好久好久，他却再也没有回头，以至我悲剧般地成为别人的一场笑话。

我相信，每一份真诚的爱情，即便分手也不可能一拍两散，老死不相往来。总会有一方在原地注视对方远去的背影。有时候，你的坚持，熬来了他的回头；有时候，你的坚持，也熬皱了自己的眉头。

北京下完了第一场雪，小叶就离开了北京。这也是她和她男朋友少公子分手后的第374天，她终于下定决心，以一场雪的契机，告别过去。

小叶和少公子在一起三年了，恋爱了一年，同居了两年。之所以离不开，是逃不开习惯，是还存有幻想。

无论是北京地铁十号线的团结湖，还是五号线的惠新西街北口；无论是紫禁城冰凉的城门，还是故宫斑驳的青砖；无论是动物园红屁股的猴子，还是香山被踩烂的红叶……所有他们去过的地方，看过的风景，小叶都铭记在心。

她说，爱一个人，真的会习惯，习惯就餐时谁吃瘦肉谁吃肥肉的默契，习惯周末清晨谁先上厕所谁去打扫房间的争执，习惯加班到深夜他的"接驾"不请自来，习惯过马路、坐地铁、乘飞机、逛超市不需要太多准备的小幸福。

为了让小叶上班近一点，少公子在小叶公司附近租了房，他每天却要挤两个小时的公交和地铁上下班；为了给小叶拿一本张嘉佳的签名书，少公子旷工排三个小时的队等签名；为了小叶一句"一个人睡不着"，少公子把出差的日程从五天缩短到三天，半夜坐飞机赶回家……

当一个男人爱你的时候，会把你捧在手心里，会为你关上心门，任何一个女人都靠近不得。这无关你的样貌、智慧、品格、背景，于他来说，你是他认定了要一辈子守护的唯一的女人。

当一个男人不爱你的时候，会想尽办法躲开你，任何女人都可以靠近，唯独你不可以。无论你多么漂亮、努力、痴情，于他来说，他会为了逃脱你的视线，宁愿放弃整座城。

有些在手中溜走的爱情，值得你用最真的心等待和坚持，守得一片云开。然而，并不是所有溜走的爱情，都值得等待和坚持。

少公子离开的前一天对小叶说，离开一个人，并不一定是因为心里有了别人，也许只是一段感情走到了终点，没有再继续下去的理由和必要了。

小叶的脾气很倔，倔了三年，倔到少公子走后就再也没有回来。

小叶说，她每天一个人上班、下班、吃饭、逛街，她罗列了自己无数的坏毛病，一件一件地改正，她常去他们以前玩过的景点、逛过的商场、吃过的餐馆，她幻想着有一天少公子会突然地出现在她的面前，对她说："亲爱的，我回来了！"她甚至准备了很多台词，比如"你怎么才回来。""你看，我终于把自己变成了你最爱的模样了。"

似乎每一个失恋后不愿意放下过去，或者提起过去的人，都曾幻想着在某一个街头或者巷尾，在某一个公交站或者候车室，在某一个电影院或者餐馆，突然碰上他，那个时候的自己一定要是他最爱的模样，并不一定想着让他回头，只是想告诉他，离开他，你一个人也过得很好，或者，如果他回来，你会过得更好。

你是不是也一样，在分手后的很长一段时间里，会情不自禁地翻看相册、翻阅聊天记录，朋友圈分享的每一条状态、分享的每一篇文章都在暗示：你还在原地，你希望有一天他能够被你的坚持所感动，希望在一个阳光正好的午后，上演一场破镜重圆的幸福。

可是，分手了就是分手了，又何必为了一个离开你的男人，毁了你原本应该有的幸福生活。如果放不下，就试着给自己一个时间节点，一个月、三个月、半年或者一年，选择重新开始，选择爱上另一个人，或者习惯一个人。

分手后的女人，要学会一个人的生活，不必为他丢了自己，更不必在他幸福的缰绳下，任你的坚持成为别人的一场笑话。

永 远 别 放 弃 做 个 有 趣 的 人

PART F

有趣，是对一个人最好的评价

「 在生活中，无论是语言还是行动，与其激烈对抗、忧伤抱怨，不如多一些微
笑理解、乐观豁达，试着让生活的每一个细节，都充满趣味。这样，你的人
生才会充满趣味。有趣，才是对一个人最好的评价。 」

# 我不是别人家的孩子，只是圈子不同

几年前，周先生事业初成，我便经常去他家蹭吃蹭喝。那时，我刚北漂回家，情感、事业都不如意。我们常常会在酒过三巡后，质问彼此："我们过得算好吗？"

周先生跟我是发小，一起从一个山沟沟里努力念到大学。在这个金钱味道很浓的年代，每次回老家，饭桌上总会有人说谁谁把土房推了，花了几十万建了一栋小洋房，说我上大学有什么用？看着一起长大的朋友们把日子过成了诗，我却把日子过成了狗屎，从"别人家会读书的孩子"变成"别人家只会读书的呆子"，这到底是怎么了？

酒桌上，曾一起把酒言欢的朋友，渐渐地只有"把酒"而不再"言欢"。他们说我很见外，其实我没有见外，只是此时的话题，我除了含笑点头，也没有更多的见解。当然，在我自己的圈子里，我还是会滔滔不绝的。

周先生说："小莫，你跟我们不同，你搞文字工作，坐办公室，是文化人，你可以体面地跟这个名人和那个名家谈笑风生，而我只能跟街道办主任打听今天城管会不会来抓摊儿？"

生活真是神奇，一个行当一个圈子，每个圈子都有它所特有的生存方式。比如，周先生经常跟我说："今天生意很好，你能否过来帮忙过过秤、收收钱。"或者"今天批发市场的水果很新鲜，你过来帮忙抢一抢。"但是我每次都拒绝他，不是我不愿意去，我更没有嫌弃，只是对于我这种买菜从来不问价格的人来说，去了也是添乱。

在周先生的酒桌上，总会碰到很多牛气冲天的人物，他们说着高深的生意经，流利的荤段子，劝酒词一套一套的，而我却只能嘻嘻哈哈附和，无法推心置腹。周先生说，其实，这就是他的生活，是行业要求他过的生活，不是我们往来太少，才越来越没有话题，只是生活本身交叉的部分不多，才越来越没有话题。

以前，在学校的时候，我们谈论的是某个老师很逗、某部电影很好看、某个同学很傻。现在，我们谈论的是那天遇到了一个很风情的女人，那天手气太背输了几万块……为了生活，我们头破血流地挤进了某个圈子，又稀里糊涂地丢了某个身份。

很多人都这样，因为生活在别处，因为圈子在别处，过去再要好的朋友，突然想起的时候，才发现已经很久没联系。哪怕拨通电话，除了客套的寒暄，简单的问候，便再也说不出什么话了。哪怕是当初朝夕相处的同学，一旦联系你，多半是请你参加结婚典礼，缺钱了找你周济，而不是听说你那里有暴风雨提醒你注意防范，发现了一家味道极佳的饭店请你去吃饭。

周先生说，每个人都有自己生活的轨道，你减速、并轨、加速，都不会妨碍你前进的方向，但如果你强行要与旁边或者远方的铁轨"交流"，就很可能撞车或者出轨，又何必呢？我的幽默，你听不懂；你的笑谈，我也不学。我们只需要在各自的圈子里过着各自的生活。

我们都是幸福路上的赶路人，偶尔在别人的眼里风生水起，偶尔在自己的世界里黯淡无光，所以，不必为别人的高深话题发表蹩脚的论断，也无需为自己的勉强附和找冠冕堂皇的理由。不在一个圈子，能聊就聊，不能聊就点头微笑，别挖空心思去深度对话，省得破坏了自己的心情，也打扰了别人的兴致。

# 你那没见过世面的样子真的很可笑

比不懂可怕的，是无知；比无知更可怕的，是不自知。

世界很大，每一个行业，都有它独特的地方，没有任何一个人能精通所有行业。可是，总有人习惯把道听途说当成真知灼见，习惯把自主演绎描绘成事实真相，最终，在内行人的眼里沦为笑话。

几年前，我在一次聚会上认识了A君，因为都从事传媒工作，就互留了联系方式。那次聚会，A君侃侃而谈，从软文的创作方法、投放周期到媒体的价格配比，几乎无所不知，所有人都觉得A君肯定是一个"大拿"。

有一次，公司接了一个单子，对一个品牌家电的新产品进行推广，客户要求以硬广配合病毒营销的模式进行推广。在几轮的头脑风暴后，初定了营销痛点、执行周期和价格策略。想起A君在那次聚会中的信手拈来，我便想请他提供一点建议。

A君很热情地接受了我的求助，在简单地了解情况后，戏谑地说我的营销思路太单一了，完全跟不上时代。然后，他提出了很多建议，比如炒作一个事件或者做一个病毒视频，效果肯定好。

那个单子并没有采用A君的意见，最终还是按照既定方案执行，效果很好，客户也很满意。后来，我才听说，A君只是懂一点事件营销，也只接触过软广，之所以能侃侃而谈，不过是看了很多同类型案例，并且迅速消化，熟练地转化成他实际操刀的项目。

然而，他所不懂的是，营销也分"硬广"和"软广"，有正面营销和负面炒作，根据不同的品牌、不同的宣传周期、不同的宣传目的，制定不同的宣传策略，没有一种宣传方式是放之四海皆准的。

后来，再聚会的时候，A君还是老三套，他以为他所认知的，就是行业的全部，任何不赞同他的观点的就等同于走弯路。其实，对于整个营销行业来说，他懂得的只是冰山一角，而他居然自以为坐拥整座冰山。

S小姐是我原来在北京工作时的同事，因为同一批面试进的公司，很快就熟络了。入职半个月后，我和S小姐接到了一项任务，由一个前辈带着我们做一个专题报道。

在前辈指导下，S小姐和我一起做策划，做采访提纲，约采访对象。临近采访时，前辈召集我和S小姐，用他的经验告诉我俩：采访当天，一定要穿正装，采访的时候要把握节奏，一定要把握主动权，麦克风不能离采访者太远，摄像机怎么架，灯光怎么打都要注意。

S小姐大学的专业是播音主持，有一定的采访和后期经验，对前辈的建议有些不解，但还是尊重并执行了。

采访的对象是一名雕刻艺术家，着装很休闲，皮肤较黑，说话很随性。S小姐身着正装，上了很厚的BB霜，采访的问题也按前辈的要求修改得比较生硬。结果，哪怕事前和采访对象对过问题，采访过程仍旧一不留神就冷场了。而且正装和休闲装，黑皮肤和BB霜相对应，在镜头下显得极不协调。

那一次的采访效果非常差，画面一般，剪了很久，也没剪出一个流畅的视频。后来，我们才知道，这是前辈第一次负责采访任务，事实上他根本就不懂现场采访的问题技巧，不懂灯光，不懂后期，只是听其他同事说过，就纸上谈兵地导演了我和S小姐的第一次任务。

有了这次教训，前辈后来带新人的时候，再也不敢瞎指挥，更不会胡说妄议，不懂装懂。

其实，每个人的身边都会有这样的人，喜欢把超过自己能力范围，从未经历过或者不能确定真假的经验，以肯定的口吻告诫身边的人。对他们来说，无论是出于什么原因，爱吹牛也好，热心肠也好，都只会让别人觉得可笑。

比如有人只会用TABLE做网页专题，就嘲笑那些用表格，用DIV+CSS，甚至用记事本制作网页的人，觉得他们真傻，把简单的问题复杂化了。

比如有人写了几篇文章，加了几个作家的微信，动不动就说这个作家他认识、那个作家他很熟，事实上不过是朋友圈的"点赞之交"。

比如打了几次羽毛球，看了几集教学视频，就开始在球场上纠正新手的动作，比如单打正手发球必须发底线，双打后场杀完球一定不能上网，不过是因为他不知道正手发网前球，双打杀边线上网封网的技战术。

相信很多人，都曾有过没见过世面又爱表现的时候，闹出过很多笑话。

人的一生，其实是不断学习的一生，与其傲慢地宣称自己博古通今，倒不如谦虚地对旁人说仅供参考。

能力不行，就把吹牛的时间用在提高能力上，当你取得了一定的业绩，积攒了一定的经验时，哪怕你一言不发，也会有人上门求教。

从今天起，低调一点，不然，别人会觉得你那没见过世面的样子很可笑。

# 你这哪是努力，分明是傻

早上六点不到，白夏就赶到了高铁站，坐最早的一班高铁去苏州。

这次要见的客户，是白夏联系了大半年，好不容易才争取到提案机会的。为了这次提案，她整整加了半个月的班，每天平均睡眠不到5个小时，终于赶出了一套漂亮的完整的产品方案。临上高铁的时候，她还发了一条朋友圈消息：上天从来不会亏待为梦想努力的人。

她的出差计划是，八点到苏州，九点到客户的办公室，九点半正式提案，十一点结束。如果提案顺利，中午请客户吃顿饭，返程是下午三点的高铁。

然而不幸的是，白夏的高铁中途出了点事故，耽误了20分钟，八点半才到苏州，出站后打车花了半个小时，又遇到早高峰堵车，到达客户的办公室时已经十点。十点一刻，一杯茶还没喝完的白夏，马不停蹄地给客户介绍精心编制的DM宣传册。花了15分钟介绍完毕之后，客户问她，有没有可以展示的数据PPT，白夏摇头。

在提案中，白夏列举了她们公司很多的成功案例，并对新产品的上市推广进行了深度分析。半个小时后，客户们带着抱歉的微笑告诉白夏，希望下一次再合作。

如此戏剧性的转变，让白夏难以接受。她觉得自己真的不适合这份工作，尽管她那么努力。

职场中，你有没有遇到过像白夏这样的人，或者你自己就是另外一个白夏？

比如，上级明确交代你，对某项活动写一篇500字的新闻简讯，而你自作主张，洋洋洒洒地写了一篇3000字的深度报道，最终成了废稿；

比如，开工作协调会议时，你的分工是负责某项活动到场嘉宾的签到摄影。活动当天，你发现现场嘉宾的桌牌需要临时增加，于是你跑到会场后台的酒店商务中心补印，却漏拍了重要嘉宾签名的现场影像。那么，责任到底归谁呢？

比如，同事让你帮忙整理一下数据，没做过数据整理分析的你，用计算器一项一项计算，花了整个周末的时间，最后却因为漏了一个数字，结果大有出入。

比如，朋友让你帮忙校对一个稿子，十余万字的文章你逐行看、逐字改，却忘了同类替换、格式刷调整等快捷方式，多花了五倍的时间。

除了这些，你有没有犯过和白夏一样的错误？

白夏完全可以提前一天出发，何必赶第二天大清早的高铁，失去富余的危机时间，让事情的发展变得不可控。白夏备案的出发点和落脚点，应该是客户需要什么，而不是她有什么。如果客户需要的是数据，她把案例说得再好也没用；如果客户需要的是动态影像，她把宣传册设计得再精美也没用。

经常看到那些很努力的人，他们辛勤付出却得不到肯定，问题究竟出在哪里呢？

比如，按要求订230g的铜版纸印桌牌，你为了节约成本，自作主张改成70g的轻型纸，会议现场才发现桌牌立不稳，必须替换掉。

比如，定好九点半召开公司会议，你提前把所有会议材料都准备好了，次日清早却在家里写其他材料，只预留了半小时在路上，结果堵车迟到。

比如，部门组织聚餐，你每次都说工作还没完成，参加不了，最后在员工互评时，大家没觉得你努力，倒觉得你没有团队精神，怪谁？

工作需要努力，但绝不是蛮干，更不能避重就轻，它需要讲究方法，需要在对的点上用力。否则，那些你引以为傲的努力，就不能称之为努力，而是傻！

# 化妆，是对职场最起码的尊重

苏苏说她有多重人格，至少有双重人格，在工作场合，她是一个兼具气场和气质的干练女白领，在爱人、闺蜜面前，她又是一个拧不开矿泉水瓶的娇滴小女人。可能每个人身上都有双重或者多重人格，而每一种人格都对应的具备一套独立的至少能够说服自己的理念。

对于多重人格，苏苏说到她公司的一位同事——阿麦，工作时追求细节、完美，生活上却不拘小节、大大咧咧。苏苏的公司是一家广告媒介公司，主要工作是方案策划、方案竞标、方案执行，阿麦的方案无论从创意、文字、PPT设计都几近完美，可是，每到跟客户展示的时候，要么价格被拍低，要么被委婉拒绝，这让阿麦百思不得其解。而同样的方案，苏苏去汇报、展示，哪怕表述得不是那么到位，却总能很快获得客户的认可。

阿麦最近跟了一个项目，前期接触都很顺利，可给客户提案的时候，客户总是以各种理由打回修改，改了无数次，折腾了将近一个月，公司领导实在没耐心了，就让苏苏跟阿麦一起去提案，这次，立马搞定了客户。

为此事，苏苏特意找到我，问我阿麦到底是哪里出了问题。

我认真地看了苏苏给的阿麦设计的展示材料，确实很完美。为什么会这样呢？苏苏又给我看了阿麦的朋友圈。

我对苏苏说："为了这个案子，阿麦应该没少熬夜，本来就粗糙的皮肤，肯定熬得跟机关枪打过了一样吧！"

苏苏不想听我的打趣，说："少说废话，说重点。"

我问苏苏知道为什么吗？她摇头，我说："只因为你比阿麦漂亮，就这么简单。"

苏苏得瑟了一下，又很无奈地说："爹生妈养的，她也没有办法改变，看来，这还是一个看脸的世界。"

其实，社会就是这么残酷，就是一个看脸的世界，特别是在服务行业，如果车模、礼仪小姐都长得不好看，谁有好心情去看车展？就像上了高中，你会发现初中的小女孩都很清秀；上了大学，你会发现高中的小女孩都很文雅；出了社会，你会发现大学的小女孩都很单纯。哪怕她们都不会化妆，你都会盛赞那是自然美，一方面，你的潜意识过滤了那些长相超出想象的人；另一方面，你对你大学时代暗恋、相恋的对象怀着美好的回忆。

进入职场就不一样了，不化妆、不打扮，并不代表就有自然美，比如只有自然，没有美呢？

你觉得你选择素颜是为了给别人一个真实的自己，可你是否想过，你的素颜也有可能给别人留下很差的印象。

化妆，是女人对职场最起码的尊重。

你可以告诉你的同事、你的上司，为了这个方案你熬了个通宵，但不必挂着厚重的眼袋、黑眼圈和蜡黄的脸。对于工作，很多人只看中结果，而你的妆容会给你的工作结果加分。高跟鞋、小西装、漂亮的口红、靓丽的黑睫毛，如果我是客户，会给你一壶好茶；人字拖、运动服、耷拉的眼袋和枯死的睫毛，我只能给你一杯白开水。

其实，不只是女人，干净端庄，也是男人对职场最起码的尊重。在工作场合，相比人字拖和运动服，皮鞋和西装绝对有更大的话语权。就如现在的女生所喜欢的大叔，沉稳、多金是隐性词，干净平整的衣服，锃亮的皮鞋，一丝不苟的发型，厚重的语调，更是直接吸引力的显性特征。

虽然并非所有会化妆和懂服饰搭配的人就是成功人士，但成功人士大都会化妆、懂得在不同场合搭配不同的衣服、首饰。

所以，别说你有多热爱工作，有多努力，假如你不是天生丽质，还是化个妆吧，哪怕化个眉、铺点粉。别说你要的就是自然美，因为在别人眼里，也许只有自然，没有美。

# 要的是感情，不是感情戏

爱情开始的时候，总是来得轰轰烈烈，想把最美的鲜花送给他，想摘最亮的星星送给他，想把满腹的思念告诉他，想把所有的幸福留给他，恨不得把全世界都给他，只要他想要。

都说平淡是真，可爱情往往经不起平淡。当你看惯了他的才华，习惯了他的幽默，甚至看淡了他悉心规划的爱的航向标时；当他看惯了你的容颜，习惯了你的体贴，甚至看淡了你为他量身定制的爱的避风港时；当你们之间，没有了舞步飞扬的畅快，没有了霓虹闪烁的激情，没有了牵手的温暖和拥抱的心跳时，会怀疑彼此之间的爱吗？

小寒最近经常跟她的男朋友闹别扭，她总觉得别人的男朋友怎么那么发光发亮，到她这里，就发臭变烂，比如情人节为什么不送礼物？网络购物车里为什么不付款？好不容易抢到了首映电影票，为什么不带手机？说好要吃宫保鸡丁为什么变成了小鸡炖蘑菇？又比如，每个周末都去万达广场吃饭没意思？每次一吵架就先认错没意思？不管怎么假装跟别的男人暧昧都不会吃醋，没意思。

明明是"新婚宴尔"的阶段，偏偏过出了"老夫老妻"的姿态，没有了心跳加速，没有了新鲜感，连争吵都找不到源头，更没有怒火蔓延的环境。难道就要这样平平淡淡、清汤寡水地过一辈子吗？

小寒觉得，她爱得快要窒息了。

不大吵一顿、不大闹一场，生活哪有激情。小寒等了很久，终于等到了男朋友升职的机会，可是男朋友早已定好请同事吃饭。小寒不让他去，要他陪自己，他没答应。他和同事们吃完饭后，到家已经凌晨三点，小寒不依不饶地跟他争吵，摔了满地的杯碟碎屑，让他在家门口睡了一夜。第二天，小寒早早地收拾了行李，任凭他怎么道歉、解释，她都不听，她狠狠地说了分手。

之后，小寒故意把自己藏了起来，如同人间蒸发一样，不接他的电话，不回他的信息，在微信朋友圈和微博"炫耀"分手，说自己很怀念，但是真的回不去了，说他真的很优秀，但是真的不适合。内心里，小寒却在窃喜他抓狂似的找她、发疯似的想她，做最沉痛的检讨和最深刻的反省。

生活毕竟不是演戏，你可以无关痛痒地看剧中人的悲喜人生，哪怕笑到捧腹或者哭到痉挛，关掉电视生活依旧。生活更像是话剧，现场演出，没法重播和剪辑，不可弥补，发生了就是发生了。

见过很多的桥段，女朋友申请陌生账号测试男朋友的忠诚度，男朋友暗中跟踪女朋友监督是否出轨，大庭广众之下让内向的他示爱，车水马龙之前向低调的她求爱。模仿电视剧中的情景，要求对方在你生日和情人节的时候送上鲜花、美食和惊喜；要求对方在你郁闷、疲劳的时候给你安慰和小情话；你想大吵一架的时候，对方会不由分说求得你的原谅；你准备摔门而去的时候，对方会苦苦哀求你别走。

小北是我见过的在感情方面最低调的女生。她和男朋友从认识到恋爱，从订婚到结婚，从来不张扬。他们顺理成章地约会、旅行，顺理成章地见父母、订婚、领证，自始至终只在朋友圈里发过一次恋爱时的合影、领证时的结婚证、婚礼时的结婚照。他们从不炫耀自己的幸福，更不哭诉自己的委屈。

小北说，爱情是两个人的事，每个人的爱情都是不一样的，她只想适当地与朋友分享幸福或者分担苦楚。对她来说，两个人的小幸福，远比亲朋好友的祝福来得开心。

生活中，有很多情侣或者夫妻，看多了泡沫剧或者家庭剧，笑和哭的时候偶尔会联想到自己，比如另一半怎么从没给自己送过花，怎么从没给自己捶过背，怎么很久不说"我爱你"了，怎么总是没空陪自己吃饭……于是，总想刺探一下，在闺蜜、同事、朋友的怂恿下，故意制造一点事端，惹出一点小别扭，想给平淡的生活添点油加点醋。

其实，相互爱着的两个人，多少都尝过了爱的苦涩与甜蜜，也都有自己爱的独特方式，比如可以相敬如宾，也可以鸡飞狗跳，可以阳春白雪，也可以下里巴人。在爱情的世界里，需要一些自然的小起伏，但绝对不需要刻意制造的大动荡。

幸福最重要，何必东施效颦佯装聪明，毕竟，对于你，他要的是感情，不是感情戏！

# 有趣，是对一个人最好的评价

　　每个人都是独立的个体，在社会中扮演着不同的角色，你说过的话，做过的事，往往决定了你在别人眼里是一个什么样的人。小时候，在父母的眼里，你是个聪明懂事或者调皮捣蛋的孩子；上学后，在老师眼里，你是个品学兼优或者不思进取的学生；工作后，在领导眼里，你是个拼搏进取或者碌碌无为的员工。

　　评价一个人的形容词很多，人们也习惯了在介绍一个人时，在他的名字前加上一些标签。比如同学中成绩最好的，兄弟中最仗义的，朋友中能力最强的，亲戚里学历最高的，认识的人当中最优秀、最成功的……

　　安吉的口头禅是"放宽心，不必勉强"，在她的世界里，没有过不去的坎，没有到不了的远方。比如约朋友周末一起去外地旅游，早上八点的高铁，临七点半朋友堵在高架桥上赶不上高铁，安吉并没有埋怨她，而是安慰她别着急，把票改签到九点。等朋友赶到火车站，一个劲儿地向安吉道歉的时候，安吉给了她一个深深的拥抱，并小声地她的耳边说"如果你真觉得内疚的话，就请我喝杯优乐美吧"。

朋友很疑惑，安吉不爱喝奶茶啊。去喝奶茶的路上，朋友收到了安吉发的一条信息：亲爱的，你就是我的优乐美，那么，我会是你的优乐美吗？

安吉懂很多段子，对很多行业都有涉猎。无论跟她聊诗词歌赋还是人生哲学，聊电影还是西餐礼仪，她都能信手捻来。碰到她不懂的话题，她会变成一个很好的聆听者，不穷根究底，又能充分满足你表达的欲望；碰到她不喜欢的话题，她不会生硬地排斥，而是恰到好处地转换话题。

有一回，安吉和几个同事一起出差。旅途中，两个男同事一直想戏弄新来的实习女生小A，甚至开始讲起黄段子。小A虽然不感兴趣，但又不敢发脾气。安吉就站起身问小A要不要一起去上洗手间。路上小A向安吉抱怨说那两个男同事好无聊，她一点都不想跟他们聊天。

回来后，他们依旧拉着小A不放，小A实在受不了了，正想要发火。这时安吉笑着说，"两位叔叔，放了我们吧，我们还是孩子"。两个男同事这才察觉到，玩笑似乎开得太过分了，停止了戏弄。

安吉也非常爱笑，几乎没有心情不好的时候。

公司因为特殊情况推迟发工资，同事们都抱怨不发工资没心情工作，安吉却仍旧一脸笑容，她觉得笑一笑时间会过得快一点，能早点到发工资的那一天。

朋友建议安吉不要整天笑，本来长得就不美，笑多了容易长皱纹。安吉说长得丑所以才更要心灵美，否则会丑到骨子里。她说她宁愿笑到七十岁，也不要愁到一百岁；

亲戚觉得安吉太软弱，得强硬一些，要敢于针锋相对，安吉觉得，教养就是好好说话，既要看中事情的结果，更要注意实现结果的过程中的体验，毕竟结果是一时的，过程往往更长远。

安吉出生在小县城，父母都是普通工人，没有显赫的家世；她考上的是一所普通大学，毕业后就参加工作了；她在普通企业上班，不是政府高官，也不是企业高管，没有经天纬地的才能，也没有纵横捭阖的气魄，但她身边的朋友，都喜欢跟她相处，无论是聊天还是工作，都觉得很舒服。

其实，每个人都有权力选择做自己。无论贫富、贵贱、美丑、老少，世界都会给你一个恰当的标签。如果你在工作中说一不二，你会是一个讲原则的人；如果你衣着得体、谈吐非凡，你会是一个有气质的人；如果你在面对弱小时能积极帮扶，你会是一个有爱心的人；如果你经常回家、尊重长辈的意见，你会是一个孝顺的人；如果你把事业做得风生水起，你会是一个成功的人。

然而，相比讲原则、有气质、有爱心、孝顺、成功、优秀等，有趣，更是一种高级的评价。有趣的人，会包容朋友的不足，又不让朋友觉得内疚；会拒绝同事的话题，但不会打断而是适时转换话题；遇到不开心的事情、不友善的言辞时，会用乐观的心态去微笑化解。

世界就是这样，你对它怎么样，你的世界就是怎么样的。所以，在生活中，无论是语言还是行动，与其激烈对抗、忧伤抱怨，不如多一些微笑理解、乐观豁达，试着让生活的每一个细节，都充满趣味。这样，你的人生才会充满趣味。有趣，才是对一个人最好的评价。

# 朋友圈里的那个人才是真正的我

你有多久没有认真地笑过了？你有多久没有痛快地哭过了？你又有多久，没有想睡就睡，想玩就玩，想醉就彻彻底底地醉一场了？

小时候，喜欢一个人就分给他一颗糖，不喜欢一个人，就不和他玩；现在，喜欢一个人没有合适的理由不敢靠近，不喜欢一个人，也不能拉下脸来转身离开。

你是否越来越觉得自己似乎有双重人格，一重是你想要成为的样子，一重是你正在成为的样子。你是否也发现，越长大，生活就似乎越在别处。

初一时，少不更事的小美因为例假染红了裤子，被同学耻笑了三年。那三年，无论小美怎么讨好同学，学习多么用功，始终也逃不出同学们异样的目光。

　　高一时，一个小混混爱上了小美，整天围着她，守着她。那三年，无论小美怎么解释，没有一个男同学敢靠近她，哪怕她穿着校服，也散发出"小太妹"的气息。

　　大学时，小美终于彻底了抛掉了"红姑娘"和"小太妹"的标签，她努力学习，积极参加社团活动，变成了一个品学兼优，实践能力强的"女汉子"。

　　工作后，小美的字典里没有"不会"只有"怎么完成"，没有"没办法"只有"想办法"，成了一个好员工、好领导、女强人。

　　她会在朋友圈里写下"每一个不努力的过去，构成现在的自己；每一个不努力的现在，造就明天的自己"；她会在登上高峰的时候，拍几张云雾环绕的照片，配上"你觉得这个世界不够美，是因为你站得不够高"；她会在参加各种讲座、培训的时候，找名师、大腕合影，幽雅地说着"只有不断地学习、努力和前行，才有资格站在更优秀的人身边微笑"。无论是加班、朋友聚会，还是逛街、看电影；无论是脚踩着跑步机，还是手握着方向盘，她都领悟成"人生是一个不断前行的过程，你可以减速，一旦停下，只能摔倒""指引前进方向的，永远不是嘴巴，而是你的手和脚，以及看向远方的目光"。

　　相信你们的朋友圈里，也会有这样的人，他们把最美好的个人形象，最憧憬的人生态度，罗列在你的面前，给你信心和动力。

　　可是，小美觉得很累，原以为只要时机一到，就一定能变成自己喜欢的样子，可是，当所有的条件都满足时，她却发现早就丢了自己喜欢的样子。

丢了又能怎么样？又有多少人在乎？

你用的是什么牌子的口红，穿的是什么牌子的新鞋，衣柜里有多少没来得及撕掉标签就遗弃的衣服，通讯录里有几个不分白天黑夜都能倾诉的朋友，有几条微博是你真心想要转发的……为什么明明厌烦的工作却要周而复始，明明憎恶的上司却还要笑脸相迎？

失眠熬黑的眼圈用粉底掩饰，新鞋磨破的脚踝用丝袜掩盖，穿着职业小西装，踩着细高跟，眼影、睫毛、口红，一个都不落下。

无论工作不紧不慢还是兵荒马乱，都在一杯茶，一杯咖啡，一句又一句的"您好"和"谢谢"度过了。下班后，在路边摊或者小饭馆点一份面条或者盒饭，然后加班到深夜，一个人打车回家，洗个澡，刷个朋友圈，然后睡觉。

也许这才是我们真实的生活。可是，这是别人想要看到的你吗？生活就是这样，无论你活成了别人眼里温柔的公主还是干练的白领，都不过是为了给世界一个看起来很美好的交代，也给自己一个听起来恰到好处的安排。

世界上哪有所谓的真实的生活，它不过是你投射在这个世界的影子。难过的时候，雨丝是缠绵的；开怀的时候，雨滴是畅快的。爱一个人的时候，他是上帝派来疼爱你的天使；恨一个人的时候，他是撒旦派来伤害你的恶魔。

相信你也会赖床，也会撒娇，碰到困难的时候也会迷茫，受委屈的时候也会难过。可是，如果把这些"真实"发到朋友圈，别人会同情还是会嘲笑？有些忧伤和不堪自己懂就好，有些幸福和心安可以与世界分享。所以，碰到挫折不哭，要微笑、要阳光，哪怕力量很小，也要给世界道一声早安。相信这样的你才是真正的你，才是那个你打心底里想要成为的自己。

# 姑娘，我们真的没空陪你慢慢成长

周五晚上，拉菲打电话约我："你明天不上班吧，能出来陪我喝酒吗？"

我问："大半夜的，怎么突然想喝酒了，总得给个理由吧？"

拉菲说："我前阵新招来的手下辞职了，心情不好。"

对于我来说，同事来来走走早就习以为常了，特别是在私企，部门一年不换几个人，还会觉得不习惯。拉菲作为一个人事副总，会为了一个新人的辞职而心堵，看来这个新人必然有什么过人之处。

到了约定地点，几杯酒下肚后，我们慢慢打开了话匣子。

拉菲说，她新招的手下小A，名牌大学毕业，大学四年都拿特等奖学金，进公司时从初试到复试，都表现得很出色。正是因为这样，小A被录用后，她就把小A当成种子员工来培养，安排小A做自己的助理。

可是，慢慢地，拉菲发现，小A的心气特别高，比如她让小A帮忙复印一下会议材料，接一下业务电话，小A就会显得很抗拒。

在其他工作事项上，小A也经常自作主张，比如公司要召开一个重要会议，拉菲特别交代她把汇报的PPT拷到会议室电脑上，汇报材料多复印几份；可是等到开会的时候，拉菲在会议室的电脑上怎么也找不到需要的PPT，汇报材料也少了好几份。

事后，拉菲问小A："你为什么不按我的要求把PPT拷贝好，为什么少复印了几份材料呢？"

小A反驳道："你没有给我邮件，U盘也没有给我，我怎么拷贝PPT？"

拉菲说："这是理由吗，交代给你的任务，你就得想办法完成。就算这是我的疏忽，但我明明交代你多复印几份材料，为什么会少几份？

小A说："我又不知道有几个人参加会议，而且，就算少几份，大家可以互相传阅啊？"

拉菲说："互相传阅？你开什么玩笑！董事长组织召开的重要会议，你以为是过家家吗？算了，请你以后注意。"

拉菲把小A的事情告诉我后，我反问拉菲："你明明知道小A是新人，就应该容许她犯错，而且，在我看来，这也是你自己的问题，重大会议上的材料，你干吗不事先确保一下？"

我说的这话，小A在事后也跟别人说过："我觉得自己一点错也没有，她（暗指拉菲）把材料给我了，我自然就会做，她没有给我，我怎么做？而且，我堂堂一个名牌大学的优秀毕业生，给她复印材料，拷贝PPT，不是大材小用吗？"

这件事之后，拉菲又给了小A一个"大材大用"的机会。公司与某高校有一项人才培养战略的合作，因为是小A的母校，所以拉菲决定让小A来起草并汇报。

然而，会议即将开始时，拉菲却找不到小A了，几经打听才知道，原来小A临时有急事，没来得及请假就走了。实际上，小A根本就没有准备好汇报材料，临开会前偷偷跑回家了。幸好拉菲自己做了一份，否则，又会给公司造成巨大损失。

事后，在批评大会上，拉菲要求小A必须作一个深刻的检讨。

在检讨会上，小A不仅没有认识到自己的过错，而且把责任推到拉菲身上，说自己刚毕业，没有工作经验，公司应该允许她犯错……

小A的检讨没有说完，拉菲就打断了她的话："公司不是学校，不是你家，我们允许你犯错，但绝不允许你一而再，再而三地犯错，更没有时间等你慢慢成长。我们交代给你的任务，你只要答应了，就得想办法完成，要不然就别答应。公司不是过家家，我们需要每一个员工都能推动整个团队往前走，而不可能因为你是新人，让大家停下来等你，更不可能因为你一个人犯了错，让大家赔你受罚，替你承担后果。这里是职场，没有人在意你努力的过程，大家关注的只有结果：有结果的过程才叫努力，没有结果的过程都是鬼扯。姑娘，也许你在学校的时候真的很优秀，不过那也只代表你会读书、会考试。这里是职场，你的聪明才智给公司带来了利益，公司才会承认你的价值……"

拉菲的话说得也很在理，但我始终觉得，这对于一个刚毕业的小姑娘来说，是不是有点太残酷了。拉菲不以为然，她说："现在的大学教育最成功的地方是培养了人的个性，最失败的地方是培养了投机取巧的惰性。试问有多少大学生沉醉在游戏、肥皂剧、恋爱、旅游里，毕业证靠的是每个学期最后半个月"抱佛脚"和东拼西凑的毕业论文。哪怕你的学习成绩再优秀，在职场里你都只是一个新人，任何一个职场前辈对你都有发言权。这个时候，你不主动加班，不积极进取，你怎么成长？"

的确，现在很多年轻人经验不足，能力不够，非但不积极进取，反而让别人陪他一起承担风险和磨难。一会儿说"这个项目方案我从没写过，不能怪我"，一会儿说"大姨妈来了，身体不舒服，必须休息几天"，一会儿说"今天和男朋友吵架了，没心情，明天再做吧"……碰到困难解决不了，接了任务完成不了，总是以"我刚毕业，我还小，我还年轻"为由进行推诿，认为大家理应给你犯错的机会。没错，机会大家都会给你。可是，那些需要养家糊口的职场人士一样有理由说："多一个你就多一份口粮，为了让我的亲人和爱人有更好的生活，我真的没空陪你慢慢成长。"

## 我知道你很好，可是我想要的你给不了

　　小于和男朋友在一起五年，准备张罗婚事的时候男朋友却变心了。她一怒之下，提出了分手。

　　爱情总会让人犯迷糊，跟他在一起时，也许你并不觉得他有多重要，也并不觉得离开他会有多难过，只有分手后才清晰地感受到失去他是那么痛苦。

　　做饭的时候，小于不自觉地淘了两人份的米，煮了两人份的汤，炒了两人份的菜，结果吃不完，只好倒掉。

　　上卫生间的时候，小于发现没厕纸了，喊了几句没人应，才意识到家里只剩她自己了。

　　影院上映了一部新电影，小于习惯性地买了两张票，结果没人陪她去，只好一个人占着两个座。

　　短短一个星期，小于瘦了五斤。

单身后的小于，有时候会半夜哭醒，醒了就给W先生发微信、打电话，W先生总是很及时地回应小于，给她讲笑话、唱歌，陪着她、安慰她。

一有时间，W先生就陪小于出去散心，想尽办法让小于高兴起来。

W先生跟小于认识快七年了，两人曾是无话不说的好朋友，后来小于恋爱了，W先生就主动淡出了小于的世界，只在逢年过节的时候，给小于发一些祝福或者问候的短信。

小于说，恋爱后，她逐渐屏蔽了整个朋友圈，除了男朋友之外，没几个可以交心的朋友。W先生谈不上交心，但在他的面前，小于可以不避讳地哭闹、发泄，不用组织词汇，不必顾及表达方式。

两个月后，W先生突然给小于发了一条微信：让我照顾你，好吗？

小于问我，要让W先生照顾她吗？

我反问她，要让W先生照顾她吗？

小于说，她想过，比如想到和W先生接吻，她惊出一身冷汗；想到叫W先生老公，她觉得特别别扭；想到跟身边的朋友介绍W先生是她的男人，她没有一点骄傲的感觉，反倒觉得浑身不自在。

你给了他靠近你的机会，给了他在你身边的空间，给了他照顾你就像男朋友照顾你一样的假象，你享受了身边有一个人对你嘘寒问暖的关切，对你不分昼夜的陪伴，直到他习惯了，把你放在心里后，你却要逃跑了？

可是，难道不能逃跑吗？都说，女人一定要嫁给一个爱自己的人，可是，如果那个人你不爱或者爱不起来呢？搭了一次你的顺风车，不代表以后每次都只能搭你的顺风车；跟你一起看了一场电影，不代表以后就只能跟你看电影；跟你牵过一次手，不代表以后就只能跟你牵手。

爱情，不是你很好，我就应该爱你，我们就应该在一起。爱情，是我想要的你都有，你没有的我都不在乎。

若若的亲戚给她介绍了一个对象，他比若若大五岁，无论是事业前景，还是家庭条件，两人都很般配。他对若若非常好，若若生病了，哪怕他正准备出差，也会先陪若若去医院；若若无聊了，哪怕他正在接待客户，也会接起若若每隔几分钟就打一次的电话；若若不高兴了，哪怕他没有多少幽默细胞，也会想方设法逗若若开心。

可是，下雪天若若想吃冰淇淋，他说这么冷的天不能吃冰的；逛夜市若若想买一件廉价衣服，他说质量太差了明天带她去商场；外出旅游若若想坐高铁，他说坐高铁不如坐飞机。

你身边是不是也有这样的人，他欣赏你所有的优点，接受你所有的缺点，他也一定能为你的幸福增加很多心动的细节。然而，你想要一件红外套，他送来一件修身小礼服；你想要诗和远方，他给你一张银行卡和一串钥匙。这样的相处模式，能让你感到愉快吗？

爱情，不是一味地付出，也不是一味地索取，哪怕他真的很好，可是如果你想要的他给不了，他好与不好，真的跟你没有关系。

# 你那么优秀，为什么还买不起房

妮可说，她的婚期定在中秋，问我有没有时间参加。

在我认识的女孩子里，妮可无论是长相和气质，还是修养和能力，都很出众。妮可的前男友大D配不上她，是我从未改变过的定义。

妮可名牌大学毕业，大D二流高校毕业。他们初次相识缘于妮可去面试时迷了路，恰好碰到了愿意引路的大D；他们第二次见面缘于妮深夜发了一条朋友圈说自己刚下班，大D在10分钟内拦了一辆出租车到她公司楼下，然后送她回家。

这之后没多久，他们就宣布了恋情。但是，不到半年，又分手了。

大D和妮分手后，几乎每周都要找我喝个烂醉。他常常告诫我，爱情这东西，有钱叫爱情，没钱叫自虐。

我问妮可，她到底有没有爱过大D。

妮可很肯定地回答，爱过，比任何一个人都爱。

妮可说，她知道大 D 很爱她、很疼她，为她戒烟、戒酒，陪她逛街、看电影，无论她想吃什么，想去哪里玩，大 D 都能第一时间满足她，但是爱情并不仅仅是爱和疼，还有责任和未来。她不希望一直蜗居在 10 平方米的出租房里，她爱大 D，更想跟大 D 有一个家，但是现在的大 D 只想过好现在的生活，根本就不想为未来做更多的打算。

而大 D 认为，以北京现在的房价来看，他攒几个月的工资还不够买 1 平方米，买一套房子简直是痴心妄想。再说，租房不是很好吗，可以有更多的闲钱去旅游、去购物、去做想做的事情。为了明天的美好生活，所以今天就开始吃苦，有必要吗？工作肯定会慢慢变好，等过几年收入更高一些，再考虑买房不行吗？

妮可走后，大 D 的工作不紧不慢，薪水每年涨三五百元，仍旧租住在合租房里，每天挤地铁上班。

我问大 D，毕业这么多年，总该有一些积蓄了，你也老大不小了，没有考虑过按揭买房吗？

大 D 什么也没有说，直接打开手机银行，让我看了一眼余额，1 万多元。

我没敢跟大 D 说妮可要结婚了，只是觉得妮可当初的选择是正确的。虽然妮可和她未婚夫的收入并不高，但至少能一起努力。不到两年的时间，他们按揭买了一辆车子，还在未婚夫的老家按揭买了一套房。

而大D呢，他在一家企业干了快五年了，一直得不到升职的机会，又没有勇气换工作，怨天尤人的同时，又不敢从头再来。他觉得现在的工作还行，至少没有失业，至少不会饿死，比小摊贩过得体面，比业务精英过得轻松。

事实上，大D也不甘平庸，但他不愿意花更多的力气去改变，嘴里常说"我觉得现在过得还行"。

生活中，像大D这样的人并不少见，他们经常说这样的话："我衣着得体地在高档写字楼里上班，你呢？我认识很多知名企业家，你呢？我的薪水能保证我不愁吃喝、略有节余，你呢？"

他们从来不觉得自己过得不好，反而觉得自己很优秀。他们在自己的小圈子、小领域里如鱼得水，在前辈面前炫耀生活惬意，在后生面前大谈职场规律。他们谈起梦想和未来时头头是道，可一旦要付诸行动却总是说时机不对。

他们追求不多，要求不高，时刻都觉得自己过得不错，是精英人群的一分子。但事实上，他们不过是自我感觉良好罢了。对于一个男人来说，无论他的现状如何，如果他连买车、买房都不敢去想，那只能证明他还不够优秀。

如果你的伴侣觉得自己很优秀，能给你一个美好的未来，请记得在他夸夸其谈的时候反问他："你那么优秀，为什么还买不起车？为什么还买不起房？"

永 远 别 放 弃 做 个 有 趣 的 人

PART G

有趣的人总能把生活过得热气腾腾

「 相比起事业有成、出人头地，能感受到爱人的微笑，能倾听朋友的心事，能
  闻到一路芳香，不是更有趣吗？与其在追逐欲望的路上，忽略了身边的小确
  幸，不如让你的人生变得有趣起来，让你的生活热气腾腾起来。          」

# 频频回头的人，注定走不了远路

　　每个人的爱都是有限的，每个人的精力也都是有限的。当你的心里装着某个人时，别人就很难走进你的世界；当你的心里装着某件事时，别的事就很难被你看在眼里。

　　爱情如此，生活也一样。一个只会"想当年"的人，往往对现在的生活不够自信；一个只会往后看的人，往往对未来的道路不够笃定。

　　小宝一直放不下她的前任，那个她北漂时给过她很多帮助，她决定离开北京时跟着她一起回杭州，她准备下嫁时却跟她分手的前任——大宝。

　　每次和同事们逛街，小宝总会走进男装店，找到灰色纯棉的夹克，拍照后发一条朋友圈，说她还是最喜欢灰色。

　　每次和同学们吃麻辣香锅，小宝总会要一碗开水，把艳红的菜在水里涮一下，拍照后发一条朋友圈，说人生有时不需要那么火辣。

每次和朋友们旅游，小宝总会制作一张自拍照九格图，发一条朋友圈，说一群人的旅行胜过一个人的狂欢。

微信里的每一条个人状态，每一条朋友圈消息，每一个访问记录，小宝都格外留心，生怕错过悄然来访的大宝。有时，她会在深夜给大宝发一条"晚安"的短信，等了几分钟，几个小时，却没有回音。下半夜被短信铃声吵醒时，看到大宝终于回复了，她又不知道接下来聊些什么，只会顾自傻笑。

似乎每一个失恋后还未放下的人，都会固执地认为，既然曾经深爱过，为什么要轻易放手？也许坚持一周、一个月，甚至半年、一年，他就会被感动，就会回来了。于是，你想方设法地告诉他，没有他的日子，你过得并不快乐，你一直在等他回来。

因为心里装着一个人，所以，别人再也挤不进去了。

小宝也是一样，分手一年后，朋友给她介绍了T先生。年龄上，比小宝大四岁，也算合适；事业上，是一家上市公司的经理，前途很好；外形上，不算又高又帅，但阳光活泼。特别是对待小宝，几乎是无微不至。无论小宝在工作上、生活上遇到什么难题，他都有办法解决。

可是，爱情有时就是这么没有道理，如果T先生早一点出现在小宝的世界，那估计早就没有大宝什么事了。可惜，小宝的爱已经被大宝耗尽了，哪怕分手了，大宝也还一直霸占着小宝的心。T先生无论如何努力，小宝都无动于衷。

朋友也经常劝小宝，要珍惜眼前人，过去的就让它过去。可是小宝不甘心，她说她就喜欢身高178厘米的男人，T先生身高180厘米，她不喜欢；她说她就喜欢比她大三岁的男人，T先生多了一岁，她不喜欢；她说她就喜欢普通一点的人，T先生太优秀了，她不喜欢。

对女人来说，在爱情里，往往因为放不下，所以才会走不远。她对前任还抱着希望，再合适、再优秀的人也能找到拒绝的理由。

因为怕大宝找不到她，小宝的手机号码没换、工作没换，甚至连银行卡密码都没换；上级有意提拔她，派她去外地进修半年，她不去；朋友给她介绍了一个又一个优秀的男人，她都拒绝。

三年半的恋爱，两年半的等待，小宝从二十三岁的姑娘熬成了奔三的姑娘，大宝却甩手走开了。直到听到大宝结婚的消息，小宝哭了一天一夜，最后终于醒悟：哪怕她一直站在原地，大宝也不会回来接她了。

可是，等小宝认清这个事实时，她因为多次拒绝公司高层的好意而升不了职、涨不了薪，只好换一份工作重新开始；她因为拒绝了多个优秀男生的追求而错过了最好的年华，只能去相亲，嫁给了一个并不优秀的人。

其实，人生的道路上，难免会有风雨。爱人出轨，朋友背叛，良机错失，这些都不可怕。可怕的是，爱人出轨了，你再也不敢爱了；被朋友背叛过一次，你再也不相信其他人的友谊；错失机遇了，你再也不想努力。

　　人的一生并不长，真的不用花太多的时间去追忆往昔，朝前看，才能有更广袤的天地。而那些频频回头的人，注定走不了远路。

# 千万别低估别人的人脉和本事

职场中，个人能力很重要，有一个适合你的平台很重要，有一群人帮助你实现梦想更重要。

没有碰到难题，你不会明白多一点本事有多重要；没到走投无路，你不会知道多一些朋友有多重要。

去同一家公司面试，你只带了简历，而他准备好了充足的材料，最后你被淘汰了，能说不公平吗？指挥团队做项目，你事必躬亲，手忙脚乱，还把事情办砸了，而他一句话就让同事们各司其职，能说是团队的问题吗？

也许，面试之前，他的很多朋友告诉过他去这家公司面试要注意什么，要准备好哪些材料，而那些朋友，你刚好没有；也许，安排任务之前，他了解每个同事的优点和长处，并保持良好的同事关系，而你做不到，又能怪谁？

学妹阿菜毕业后在一家策划公司上班，前段时间，公司安排她带几个新人，独立负责一个项目。有一天晚上十一点，她打电话给我，哭着说她快要崩溃了，快顶不住压力了。

我问她怎么了，她说之前都是跟着公司里的前辈做项目，现在她成了项目负责人，既要满足客户要求，又要全盘指挥，加之团队成员都是新人，她觉得自己八成会把项目搞砸。

其实，每一个职场新人都会面临这样的情况：被公司临时抓差或者赶鸭子上架。这时候，只要你扛住压力，就会成长。

想要在职场中出人头地，首先你得有足够的本事，机会只会宠幸有准备的人，绝不会眷顾那些无能的人。其次，还要善于整合资源，单打独斗通常只能杀出一条血路，众人合力才能开辟出阳光大道。

我让阿菜先冷静下来，然后考虑一下事情的进展，想想有哪些问题没解决，有哪些细节最可能出现问题，谁是最适合解决这些问题的人，如果出现突发状况，应急方案是什么。

几天后，阿美负责的项目顺利结束。她打电话给我，说非常感谢我，正因为有我的提醒，很多现场执行过程中可能会出现的问题，她都提前做好了应急方案，有条不紊地把握了项目的流程和节奏。

在工作中，每一个行当都有其独特的套路。巧妙地运用套路，能让你少走弯路，用最小的代价生产出最大的价值。套路，就是工作经验，就是本事。另一方面，每一个行当，都有其庞大而复杂的团队和资源圈，这是你在工作中慢慢积累起来的，很多时候，它能让你事半功倍。

几年前，某高校高材生小祝被我所在的公司录用。有一场活动，小祝一直在做前期准备，可是活动即将开展的时候，公司却把负责人临时换成了小路。小祝很不服气，在活动中不太配合，原本由他负责准备的嘉宾讲话稿，因为一时忙乱，也给弄丢了。幸好小路事先拷贝了一份，才不至于让活动出现纰漏。

活动结束后，小祝被老板叫进了办公室。他承认因为活动现场任务较多，自己又缺乏经验，所以没分清主次，犯了错误，但他同时也指出了活动中的很多问题，最后肯定地说，如果让他负责这个活动，他肯定能做得更好。

老板认同小祝说法，但同时也列举了活动中的两个小状况：

活动前一天晚上，客户要临时增加承办方单位，可印制背景展板至少需要一天，应该怎么解决？

某嘉宾临时有急事，公司方面需要帮他改签机票，并安排送机，可公司没有多余的车，应该怎么处理？

小祝说，他只能说服客户和嘉宾，求得他们的理解和原谅。

老板说，小路是这么做的：他一通电话，让设计公司连夜安排人修改、喷绘背景展板，第二天六点重新安装，活动顺利开展；还是一通电话，他让在机场酒店上班的兄弟帮那位嘉宾改签航班，并订了一辆专车接嘉宾去机场。

最后，老板说，就因为小路有那些本事和那些朋友，才临时让他接替了小祝的工作。

工作中，我们常常陷入这样的误区：他比你入行早，经验比你丰富，朋友比你多，所以，你不如他很正常。你觉得，如果只以个人能力当评判标准，你未必比他差。

可是，他的本事是用血汗换来的，他的朋友是长期交往得到的，公司并不会因为你入行晚、经验少、朋友少就降低工作标准。

一个人的价值体现，很多时候取决于他的本事和人脉。能进入大公司、大平台，要么是有足够的本事，要么是有足够的人脉，否则，大公司、大平台凭什么用你？

你在这个社会中扮演的角色，其实就是你的能力和资源的综合体。所以，当你看到身边的人运筹帷幄时，千万别低估了他的人脉和本事，也请少说一些风凉话。毕竟，人家有本事做你做不了的事，更有朋友帮他加速完成那些事。而你，不能！

# 尽力了，就够了吗

　　每当离成功只有一步之遥却功败垂成时，我们总是这么安慰自己："没关系，我已经尽力了。"可是，尽力了，真的就够了吗？

　　豆花是上个月刚搬来的小姑娘，住在我隔壁。前天晚上，我出差回来，路过她房间时听到她在低声哭泣。听不得女生哭声的我，从冰箱里取出一串葡萄，洗干净后给她送了过去，顺便安慰了她一番。

　　豆花说，她被公司辞退了，因为她连续两个月业绩排名倒数第一，按照公司末位淘汰的规定，被迫下岗。豆花是做房产中介的，薪水是基本工资加提成，两个月以来，她没卖出去一套房子，只租出去三间小单间，总的业务流水不到五位数，给公司创造的效益还不够她的基本工资。

　　豆花觉得很委屈，她认为不是她不努力，只是现在房产行业整体经济下滑，又是买房租房的淡季，她每天都在积极地在推介房子，可是成交量低，能怪她吗？

客户最后没有签合同，确实不能怪豆花。

但是，老板请你来上班，给你发工资，你没能给他创造效益，他不怪你怪谁？这就好比你不小心摔破了别人的一个陶瓷杯子，难道还要怪别人为什么没买塑料杯？

你觉得你是新人，业务不熟，客户太少；你觉得公司管理严格，规矩太多，指标太高；你觉得加班太累，不堪重负，你已经尽力了。然而，你到底有没有认真对待自己的工作呢？

业务不熟你为什么不多花点时间钻研？客户太少你为什么不想办法开拓？公司规矩太多为什么别人都能遵守？工作指标太高为什么别人都能超额完成？你觉得你已经尽力了，可是，你真的尽力了吗？哪怕，你真的尽力了，那又怎么样呢？

因为你晚起床半小时，晚出门十五分钟，以至于没能赶上高铁。你说你已经尽力追赶了，可是，没赶上就是没赶上，高铁会停下来等你，会微笑着对你说"辛苦了"吗？

油条追了豆浆一年也没有追上，他正式向我宣布，他要放弃了。

在油条的描述里，豆浆是一个家境殷实、气质出众的女孩子。他俩小时候是邻居，青梅竹马的那种，但事实上两个人从来没有互相喜欢过。直到豆浆出国留学回来后找油条叙旧，油条突然间就喜欢上了豆浆。

油条重点跟我强调"突然间"。他觉得，这就是爱了。自此，油条对豆浆展开了猛烈的攻势。哪怕豆浆明确地说，她不可能跟油条成为恋人，油条依然坚信时间能改变一切。

豆浆嫌油条没有时间观念，油条就买了一个手表，还拟定了一套详细的生活作息表；豆浆嫌油条穿着没有品位，油条就研读时尚杂志，还花重金买了几套名牌衣服，让自己至少看上去很有品位；豆浆嫌油条的工作没前途，油条就辞职换了工作，一年后工资翻番……为了配得上豆浆，油条短短一年内愣是把自己塑造成了别人。可是，豆浆最终还是没有接受他。

爱情这东西，其实并没有那么多的要求。不是你家财万贯或者才貌出众，对方就一定会爱你。如果对方嫌你太高或太矮、太美或太丑、太聪明或太笨，原因只有一个，那就是他不爱你。爱情这东西，也不是你努力了，就会有美满的结果。你爱上了不该爱的人，就算努力了，又能怎么样？

在生活、工作和爱情中，也许你并没有你说的那么尽力。况且，哪怕你真的尽力了，也远远不够，用什么方式、朝什么方向尽力，比尽力本身更关键，不是吗？

# 对无谓的加班说不

小琪在朋友圈说："鼓起勇气把工作辞了，等待我的会是更好的吗？希望明天会更好。"

我的第一反应是，点赞。

第二反应是，工作好好的，怎么就辞职了？

小琪是一个乖巧、阳光、上进的姑娘，刚上大三，就问我她的专业毕业后适合什么样工作，那些工作需要具备哪些基本能力，有什么是现在可以开始准备的。

我跟小琪说，工作没有她想象中那么恐怖。如果她想从事文字类的工作，首先要有基本的写作功底和编辑能力，其次要培养一定的逻辑思维，最好能有一定的组织经验和活动执行能力。

毕业后，小琪因前期的准备工作比较充分，在校园招聘中，通过层层笔试、面试、复试、终试，最终进入了某上市集团任总裁办实习助理。工资虽然不高，但小琪对她的职业前景充满了信心。实习期过后，小琪以出色的能力，顺利地留在了总裁办，工资待遇也大幅提升。

可是，就在这个时候，小琪提出了辞职。

小琪说，其实公司的领导对她很好，待遇和发展各方面也很满意，只是真的太累了，她怕她再做下去会猝死。

累？工作哪有不累的！对于我们这些普通的年轻人来说，不努力，哪有阳光的未来。

小琪说，她已经连续两个月没有在日落前下班回家了。并不是工作压力太大，相反，工作量其实并不大，只是，领导没走，员工也不敢走，要等领导走了再走，这是总裁办不成文的规定。可加班的时候，她并没有多少事情可做。

加班，对于每一个职场人士来说都是家常便饭。如果是因为要开展一项重大活动或者赶一个重大项目，在一段时间内让大家留下加班赶进度，那是无可厚非的。可是，如果并没有非得今天必须完成的工作内容，那为什么要留下来加班呢？何况，像小琪那样的加班，纯粹是为了加班而加班。

这让我想起自己刚到北京的第一份工作，虽然公司规定六点下班，但到了六点，同事们却没有一点下班的迹象，直到六点半、七点才陆续地有动静。在加班的这段时间里，并没有什么工作任务，通常是与同事聊天、看新闻、听歌。这种加班，无论是对公司的发展，还是对个人能力的提升，并没有任何作用。

　　然而，在当今的职场中，却存在着一种怪象：有一种领导，他加班，员工必须留下来陪他，否则就是工作不积极；有一种员工，领导还没下班，他也不敢下班，宁愿干耗着。

　　加班真的对吗？我觉得，一方面，它是工作积极的体现，但另一方面，它也是工作效率低下的体现。在能力不够、业务不精的时候，我更鼓励大家用下班时间、周末时间提高业务技能，鼓励大家不要浪费公司的水和电，在完成个人工作的前提下到点就下班。加班，并不是工作能力的体现。小琪之所以辞职，是因为这些加班都是无谓的，并没有对她或者对公司产生什么积极的意义，同时，加班还影响了她的个人休息和生活。

　　对于大部分的员工来说，除非你业务不精，又不肯钻研，否则，在大多数情况下，八个小时的工作时间足够你完成工作任务。而那些准点下班，且按时保质保量地完成工作的人，往往会在单位时间内投入更多的精力、用更适合的方法去工作。所以，如果你经常加班，就要好好反省一下，到底是你的工作能力不强，是你的工作效率低下，是工作任务分配得不合理，还是在纯粹地为了加班而被迫加班？

　　但是，无论什么时候，都请记得，老板只会为你的业绩买单，并不会为你无谓的加班买单。希望每一位朋友在面对无谓的加班时，勇敢地说"不"！

# 有趣的人总能把生活过得热气腾腾

你是不是也曾这样：约好了朋友，定好了餐厅，点好了菜，只因在体重秤上多看了一眼，面对饕餮美食，吃两口就说饱了；吹干了头发，铺好了被褥，定好了闹钟，却觉得大好周末早睡太浪费了，于是刷一阵朋友圈，看一阵视频，熬到凌晨三点，弄得自己休息日比工作日还累……

世界上大多数人的生活，大抵是相似的。困的时候都想睡觉，饿的时候都想吃饭，累的时候都想放松，寂寞的时候都想找朋友出去玩。不过，有些人困的时候会告诉自己，不能把时间浪费在睡觉上，要努力奋斗；饿的时候会告诫自己，为了保持完美身材，要轻微断食；累的时候会提醒自己，阳光总在风雨后，要继续加油；寂寞的时候会警告自己，美好的人生需要克制，要杜绝冲动。

大学毕业一年的海带，有次参加同学聚会，发现除了自己之外，其他人都找到了工作。听着同学们绘声绘色地讲述着工作中的奇闻趣事，她只觉得一阵阵失落。

并不是每一个人，都必须在所谓的该工作的年纪进入职场。海带之所以找不到工作，是因为她还没准备好。

参加了这次同学聚会之后，浑浑噩噩了一整年的海带，回想起那看电影看一半就莫名烦躁，吃饭吃一半就莫名焦虑，睡觉睡三四个小时就突然惊醒，总想好好做完一件事却总会在半路中止的生活，决定给自己的人生做一些规划。

海带学的是汉语言文学专业，她计划每天看30页书，读到感动的情节和优美的句子，就摘抄下来，分享到微博和微信朋友圈；每周看一部电影，写一篇影评，分享给闺蜜和朋友；每半个月逛一次街或者逛一次公园，看看哪里的衣服上了新款，哪个公园的花开了；每个季度到几百千米以外的城市玩一趟，用图像和视频的方式，描述陌生的世界。

半年后的海带，不再是眼神里充满疑惑，耷拉着眼袋，一脸世界对她不公的样子，而是脸上时常挂着笑容，眼睛里充满了对这个世界的肯定。她觉得，很多事情，在自己的小世界里是很难想通的，只有走出去了，才能真正体会到生命中的美好。

人是一种情绪动物，一旦陷入某种消极情绪中，他眼里的世界，哪怕再美好，也会处处有遗憾。生活往往就是这样，一旦陷入某种偏执中，便会选择性地忽略一些本该感动的细节。比如，你为了某个目标，把生活逼到了单调和平乏的角落，最后只能抱怨生活很无趣。

小顾虽然刚毕业，工作经验不足，但对于上级交代的事情，从来都是一口答应，能独立完成的就独立完成，碰到瓶颈了立马向同事求助。他的办公桌很干净，资料摆放得很整齐，每天上午十点和下午三点固定喝一杯速溶咖啡，中午吃自己带的便当，除非有紧急事务，否则决不加班。总之，他在眼中，工作不是负担，而是享受。

生活中，小顾也是一个很有趣味的人。

和同事约好一起去爬山，他早早地出发，可是，天突然下雨了，同事中途折返，他却一个人冒着细雨爬山，与没有喧嚣、唯有宁静的山林融为一体。

和朋友约好一起去旅游，中途两人睡着了，坐过了站。朋友为此很懊恼，他却重新查询了旅游攻略，带着朋友在另外一个地方玩了一整天。

小顾工资不高，房子是和别人合租的，厨房和卫生间是共用的。由于他勤于打扫，厨房里看不到一点油渍，卫生间里闻不到一点异味。卧室不大，喜欢收集小物件的他，特意买来一个置物架，把千奇百怪的小玩意错落有致地摆放好；阳台很窄，喜欢养花种草的他，巧妙利用有限的空间，培育了二十余种多肉植物。

现实中，像小顾这样有生趣的人并不多，大多数人其实活得都很累。有的人房间乱得一塌糊涂，出门却打扮得光鲜亮丽；有的人为了拿到提成昼夜加班，却舍不得给自己买点喜欢的物品；有的人生意场上妙语连珠，回家却不愿跟爱人多说一句话。

相比起事业有成、出人头地，能感受到爱人的微笑，能倾听朋友的心事，能闻到一路芳香，不是更有趣吗？与其在追逐欲望的路上，忽略了身边的小确幸，不如让你的人生变得有趣起来，让你的生活热气腾腾起来。

# 你只是没有看到我爱你时的样子

安晴说，她简直要发疯了，因为她暗恋已久的男同事准备和别人结婚。

安晴和这位男同事关系特别好，吃饭一起去，下班一起走，在其他同事眼里，他俩俨如一对情侣。安晴是一个慢热的人，对感情也习惯性地选择被动。男同事对她很好，但从未有过任何表态，那些暗含关心的问候，也只是打着同事和好朋友的幌子。

虽然两个人互相有好感，但始终也没有撕开那层面纱。后来，男同事调到别的部门，不在同一个楼层办公，两人见面的次数越来越少，联系也越来越少。

安晴打心底是喜欢男同事的，只是他不表白，安晴也不主动。

我问安晴："既然喜欢他，干吗不表白？你不冷不热的，他又怎么会知道你的心思？"

安晴说："我一个女孩子，又怎么好意思？再者说，万一他对每一个女孩子都这样，不只是对我这样呢？"

当你爱一个人的时候，不是应该告诉他吗？要不然，你想他、念他，又有什么意义？

安晴在我的游说下，花了十几分钟，编了一条短信，然后又删了，她说她不知道该不该发给他，不知道发了之后他会怎么想？

可是，如果你因为怕受伤，就什么都不做，最后只能是悔之不及。你在脑海里导演你们之间的爱情故事，可他只是你的剧中人，又怎么能以观影人的姿态倾听你的旁白？又怎么能全盘透析整部剧的情节呢？

那些暗恋或者恋爱中的人，为了给对方展现自己最美好的姿态，总喜欢隐藏自己的情绪。大冬天加班到深夜却不忍心让他去接你，借口说坐同事的顺风车回家；发烧到连说话的力气都没有，却说吃了药睡一觉就没事了；工作受了委屈恨不得把老板从楼上扔下去，却在他面前只字不提……安晴说，有时候会因为他一个冷漠的眼神而伤心一整天，因为他无视自己精心搭配的衣服而倍感失落。安晴说，她非常非常爱他，只是他看不到安晴爱他时的样子。

我们又何尝不是这样，排几个小时的队只为帮他买一张火车票，看好几天教程只为给他做一个手工礼物，熬好几夜只为给他织一条围巾。可是，如果他觉得买票简单、蛋糕好丑、围巾不暖呢？如果我们穷尽了自己所有的才智，为他所做的一切，在他的眼里不过是一件不值一提的小事呢。

爱一个人，一定要找一个合适的时间，把你爱他的细节告诉他。不是在他开起另一段感情之后，而是在你觉得他也喜欢你的时候，告诉他你有多想他，你有多爱他，你有多希望和他在一起。爱情可以很美丽，你又何必一个人默默承受猜测和付出的苦，出局后又抱怨他不懂你的心。

爱情，本来就是一件你情我愿的事。首先，你得知道他的情，他得知道你的愿，否则，无论你们多么优秀，也只是两条互相欣赏的平行线，不会有相交的结果。

如果有一天，你爱的人离开了你，别怪他没有看到你爱他时的样子，那只能怪你在爱的殿堂前树起了一道高墙，让他丢了爱的讯号。

# 错把拒绝当成勇气，人生只会越走越窄

你身边有没有这样的人？和朋友闹矛盾了，拒绝先低头认错，最后渐行渐远，彼此成了路人；和同事产生了分歧，拒绝在工作上互助，影响了工作，耽误了商机；走错了路，盲目地说不撞南墙不回头，以至于走了冤枉路，荒废了光阴。

世界上，没有一个人是完美的。犯错的时候，要学会倾听、学会让步，别急着否定别人的想法。那些错把拒绝当成勇气的人，脚下的路只会越走越窄。

朋友小七是一个很有原则的人，有一年，她负责的一个项目到了最后的签合同阶段，合作公司的负责人，临时找到小七，说希望从项目中分包出一个小项目。小七不同意，她觉得她为了这个项目前前后后忙了大半年，凭什么到最后要分包，别说5万块钱，5千块钱都不行。小七认为，她拒绝做那种"偷鸡摸狗"的事，哪怕因为这样，项目流产了，她也有勇气承担。

最后，项目按原计划签订了合同。事实上，分包公司之所以想直接和项目方签订，更多的是想提高该公司品牌，并非为了谋利，也并不存在什么内幕。后来，为了工程快速开展，小七不得不花了高于一倍的成本才完成。

工作中的很多环节，其实都有变通的地方，并不是一味地拒绝就是有主见、有个性。比如你是市场部的，设计部有一个设计方案想参考你的意见，你觉得那不关你的事，拒绝回答，日后你想让设计部帮忙，估计也只能走"派工单"程序了；比如你很讨厌某兄弟公司，因为它曾恶意抢走了你手里的资源，再有合作机会的时候，你说宁愿少挣钱也拒绝合作，那就不是勇气而是斗气了；比如上级临时求助，安排你去机场接一下他的亲戚，你觉得这不是你的工作，拒绝了，从此再也得不到上级的赏识。

做人需要态度，但也不应该把别人都一棍子打死。遇到问题的时候，要学会恰当地给别人台阶下，理智地表达自己的态度，巧妙地选择解决问题的方法，而不是一味地生硬拒绝，那样很容易伤人。

比如，面对刚从象牙塔里出来的大学生，在了解其个人能力和理想工作的前提下，适当地给予帮助，比如职业参考、平台参考，甚至在不破坏公平的前提下，把他推荐到合适的平台、合适的岗位，其实是能促进他更快成长成才的。

无论在工作中还是在生活中，你可以有棱角有锋芒，但记得别仗着你所谓棱角和锋芒，去刺伤别人的心灵，阻碍别人的道路。你可以拒绝加班，但全员加班的时候你拒绝，就不是原则和勇气，而是没有团队精神；你可以拒绝别人的帮助，但面对困境无力回天时还假装清高，就不是勇气而是愚昧；朋友需要帮忙的时候，你可以拒绝，但不应该让自己举手之劳变成见死不救。

　　人的一生，就是你帮我、我帮你的一生。所以，千万别错误地把拒绝当成勇气，否则，你的人生路只会越走越窄！

# 你总说宁缺毋滥其实根本没人爱

因为受过伤，所以害怕接触别的男人，哪怕你已经被他吸引，可如果他无法让你放下所有防备，你仍旧会摆出一副拒人于千里之外的样子，把自己当成局外人，心里想着：顶多没结果，并不会损失什么。

因为听过太多的悲剧，所以把每一个出现在你身边的男人都当成坏人——他的每一句情话都不怀好意，他的每一份付出都暗藏玄机，他绝不会无缘无故、不求回报地对你好。你固执地认为，这不是你想要的爱情。

小味很喜欢对身边的情侣发表看法——

"他俩家庭背景不一样，肯定不会有什么好结果。"

"他俩还没结婚就天天吵架，这往后的日子有点悬。"

"他俩快奔三的年纪了，还跟小情侣一样，估计很快就要分了。"

　　小味有一套自己的爱情哲学。她认为，好的爱情一定是刚刚好的。比如她爱睡懒觉，他热衷于每天当你的闹钟；比如她爱写故事，他喜欢每回都当你的路人甲；比如她喜欢惊喜，他能变着花样送你各种小礼物。她爱的那个人，一定要准备好一切，以她最需要的姿态出现在她面前。

　　她还认为，好的婚姻一定是顺其自然的。比如相信爱对了人，并愿意相爱一辈子；比如在合适的时机见了双方家长后，两家人都很满意。如果她要结婚，绝不是迫于年龄、家庭或者外人的压力，而是爱到了一定程度，水到渠成。

　　小味刚工作时，同事A先生喜欢她。小味觉得，A先生人挺不错，就是薪水不高，家庭条件也一般，跟他在一起后吃苦的概率比较大。小味听很多人说，结婚最好找比自己大三四岁，比自己优秀的男人，最终，小味拒绝了A先生。

　　后来，朋友又给小味介绍了B先生。B先生比小味大四岁，自主创业，总体上比较符合小味的择偶条件。可是，跟B先生交往了不到一个月，小味又觉得不合适。原因是，B先生业务很忙，一个小时的饭局能接半小时电话，两个小时的电影要往外跑十几次。小味觉得，相比一个事业成功的男人，她更需要一个有时间陪她、爱她的男人。

　　这之后，不论遇到什么样的男人，小味都能找出对方的不足之处。小味觉得，好的爱情和婚姻并不是想找就能找到的，所以，不能着急，要慢慢等。

就这样，小味从二十几岁等到了三十几岁，依然没有等到她觉得合适的男人。

有一天，闺蜜听了小味的爱情哲学后，问她："你有一套择偶要求，可是，你对自己有要求吗？你觉得以你的条件，能配得上什么样的男人？"

一语惊醒梦中人，小味恍然发觉，这些年来，她对自己居然没什么要求。她不爱保养，三十来岁就长了很多鱼尾纹；她不爱外出，一到周末就宅在家里看肥皂剧；她不爱打扮，穿的是网上淘来的廉价衣服；她不爱学习，工作多年也没得到晋升的机会。

在爱情面前，她说宁缺毋滥，然而真相却是，她根本没人爱，因为以她现在的条件，几乎没有男人会动心。

不知道你身边有没有小味这样的人，渴望爱情，却总是高不成低不就。明明配不上更好的人，却用宁缺毋滥来蒙蔽自己。

那些相貌一般却不懂得化妆保养，身材一般却不注重塑身搭配，能力一般却不愿充电提高的女人，她们嘴里的宁缺毋滥，更多的时候是根本没有人爱。

如果你遇到这样的人，不要嘲笑她，也不要贬低她，但是必须让她明白一个道理：要想配得起更好的人，请先提高自己。

# 我没那么大度，别老劝我糊涂

两个月前，曲小姐终于提交了辞职申请，王哥说这是他第一次没有挽留、没有谈心、没有追问工作交接情况，很爽快地签下"同意辞职申请，请领导审批"。

在曲小姐之前，王哥带过无数的实习生、应届生，曲小姐是唯一一个他恨不得签完离职报告让她赶紧消失的人，更别说请她吃个散伙饭什么的。

其他部门的同事，都好言相劝，说至少也算共事半年，又在同一个行业，指不定日后还有合作的地方，何必这么血淋淋的！

王哥说，他没那么善良！

刚来公司的时候，因为曲小姐有一定的文字功底和口才能力，王哥带她跑了两次现场活动后，看她成绩不错，就把她当成苗子培养。王哥负责的部门有将近30号人，他没办法特殊对待曲小姐，就交代小组长重点培养。

后来，在月末工作汇报上，王哥发现曲小姐的工作成绩几乎为零。

小组长反馈说，曲小姐能力太强了，以至于每次安排她干活，都像求她一样，事事都拖。碰到不懂的，绝不自己先找资料，而是直接问，连最基本的公文排版都要问无数遍，理由是不想把时间浪费在小事上。

这之后，王哥给曲小姐调换了好几个组，可她在每个小组待的时间都不会超过半个月，每个月的工作总结，内容毫无亮点。王哥觉得奇怪，然而，所有人的回答都惊人的一致：曲小姐能力太强了，他们叫不动。

直到有一次，她给某个小组长发了一条微信，大概内容是："我本科，你专科，学历比我低，能力也没我强，别以为你多干几年就有什么了不起，还指挥我……"

曲小姐的理由很简单：上级分配的任务，不是她最感兴趣的，没办法发挥她最大的优势，而且她真心觉得组长的能力和职位一点也不配。

之后，因为曲小姐的工作内容实在达不到标准，多次在工作时间玩游戏、做私事被行政发现，经过慎重考虑后，王哥决定只给她发基本工资，暂停发放她当月的绩效、奖金。

曲小姐在咨询财务无果后，又跑到人事部，很蛮横地正告：公司这是违反合同法，工资不补齐，她就要去申请劳动仲裁。

这事很快就惊动了公司高层，高层要求王哥好好跟曲小姐谈一谈，避免事件扩大化。

曲小姐的第一句话是："我希望公司给我一个说法，否则就走法律程序！"

王哥当时就怒了，冷冷地表态："合同上没有明确注明你的工资是多少，但明确地说了如果工作能力、业绩、考勤等不合格，公司有权利扣除或者暂停各类奖金、补贴……走法律程序没有任何问题，但你考虑清楚了，不一定谁赢，但是不管谁赢，你以后就别想在这个行业混了。公司，你也不可能待下去了，给你一个月的时间走人。不走也行，咱就耗着，工资你一分都别想多要。玩阴的，分分钟可以玩死你！"

之后，连当初因为工作，被她气哭的小组长都说王哥是不是有点过分了，毕竟是一个刚毕业的小姑娘，不至于上岗上线。

王哥说，他一点也不觉得过分。人与人之间，还是要讲点感情的，但是你不讲，那他也没必要自作多情？他不是什么小人，也没兴趣当什么君子，有仇报仇，有怨报怨。他说他没那么大度，不必劝他装糊涂！

去年春节的时候，另一个朋友也跟我讲述了他遇到的一个蛮横的甲方Y先生。

去年他们合作了一个项目，十几万的项目，从年初做到年尾。

活动开始前，基本上每周都至少加两天班，开毫无意义的务虚会；活动执行中，计划都有条不紊地进行，临时变化都是Y先生的自作主张；活动后期，之所以一再推迟结算，都是因为Y先生的反复无常，昨天敲定，今天就反悔。

因为项目多，朋友没办法一直跟着，就安排了助手Z小姐去对接后续的事宜。在Y先生的"指导下"，内容隔三岔五地调整，毫无定性，还很嫌弃地说Z小姐一点能力都没有，当场把她训哭了，以至于Z小姐一出办公室，就给朋友打电话说要辞职、不干了，朋友好说歹说才安抚下来。

之后，朋友又派了几个助手去对接，没有一个能让Y先生满意。

春节的前两周，Y先生突然说朋友还有几万块钱没有给他。当时，朋友就火了，冲到Y先生的办公室，大吵了一顿！

我问他，不至于这样吧，毕竟是合作关系！

朋友说，合作归合作，Y先生每次向朋友的上级告状，说他没能力，各种诬陷他也就算了；把他的几个同事骂哭，也就算了；拿了钱不认账，还一幅坑他钱的样子，他忍不了。

合作，并不代表Y先生可以在他的头上拉屎撒尿，对于这样的甲方，只有一个解决方案——撕，他没有那么大度，装糊涂，他选择呵呵！

不知道，刚入职场或者刚到一个新岗位的时候，你会不会也有这样情况，觉得自己能力超群，觉得公司把你大材小用了，一言不合就说上级领导都是傻瓜。出了问题之后，又总想着还年轻、刚入职，领导都不能小肚鸡肠，应该放你一马。

在业务合作中，你有没有遇到那种蛮横的甲方，发个朋友圈都是错别字却告诉你文案要怎么写，花了几毛钱就觉得自己是上帝，明明是自己的决定，翻脸就不认，明明是自己的过失，顺手就把责任推给别人，一言不合就骂你没能力、是骗子，甚至人身攻击。

小时候，心爱的玩具被邻居小孩弄坏了，父母说你要大方一点，不能生气；上学的时候，心爱的杂志被同学弄丢了，同学说你要大方一点，别那么小气；工作的时候，同事抄袭你的创意，大家劝你大方一点，别那么斤斤计较……

相信，每个人都听过一句话：难得糊涂。

也听过另外一句话：忍一时风平浪静，退一步海阔天空。

所以，碰到不懂事的人要学会包容，碰到伤害你的人要学会忍让。似乎在这个世界上，你应该甘当老好人、糊涂蛋，受人欺负的时候，安慰自己"失败是成功之母""善恶有报，时候未到"。

可是，凭什么？

每个人的生活只有一次，凭什么要委屈了自己呢？

购房被中介骗了产权面积，与其装糊涂说多一平少一平不重要，不如争取权益，不吃傻瓜亏；好心的帮扶却被朋友诽谤，与其装糊涂怕朋友受谴责，不如说明真相，不让好心成了驴肝肺。

难得糊涂，重在"难得"，不在"糊涂"。如果我点了一碗面，加了两个卤蛋，你偷吃一个，我会原谅你。但是，你偷吃了两个，甚至连面也吃了，那么，抱歉，我装不了糊涂，请还我卤蛋，马不停蹄地还！

　　人生，也是如此，关键问题上，我没那么大度，你也别老劝我糊涂。

# 不迟到是最基本的教养

　　玲玲前段时间刚换了一份工作，没上几天班就跟我抱怨，说公司的同事太难相处了。

　　她跟同事们约好一起去吃午饭，临时接了个电话就忘了时间，挂完电话发现同事们都先走了。好不容易找到吃饭的地方，她还没吃两口，同事们就吃完了，随后有说有笑地走了，留下她一个人吃饭。

　　周末部门聚餐，她出门晚了一会，等了大半天才打到车，到餐厅的时候同事们早已经开吃了。她正想抱怨大家怎么不等她，同事们却怪她迟到了，要先罚三杯酒，她觉得很委屈；

　　她临时接到公司通知，总部有人来调研，要求第二天所有相关人员八点前必须到公司。她忘了更改闹钟时间，第二天赶到公司时已经八点十分了。虽然总部的调研人员还没到，她却被上级劈头盖脸地骂了一顿。她觉得很委屈，她这次迟到并没有造成什么不良影响，至于这么小题大做吗？

不知道你是不是也曾这么想过：约朋友一起吃饭，本来就是一件很放松的事情，迟到一点有什么关系；术业有专攻，工作本来就是一个量力而行的过程，尽力了，哪怕结果不好，也应该被包容；集体活动，本来就是你帮我、我帮你，只要事情能顺利开展，何必吹毛求疵？

有一种人，他们觉得在这个世界上，只有自己的时间最宝贵，能拖延的绝不提前，能让别人等绝不自己先到，能准时完成绝不争分夺秒。哪怕是赶火车和飞机，宁愿赶那最后的十分钟，也不愿意提早出门多等半小时。

以前，我也是那种经常迟到的人。

每个学期，一定要拖到最后一天甚至开学了才去学校；去教室上课，常常要精确到最后一分钟；参加集体活动，不是最后一个到，就是倒数第二个到。明明还在家里换衣服，张口就说已经在等车了；明明正在等车，却说等一会就到了。

有一次，我去一家心仪的公司面试，约好了十点，我愣是找了两个小时，将近十一点才找到面试地点，我解释说不熟悉路段，结果因为迟到没被录用，哪怕我各方面的能力都还不错。

后来，无论在工作还是在生活中，我都会给自己预留出足够的时间，宁愿多等别人半小时，也不愿意让别人多等一分钟。实在因为特殊情况无法准时到达，也必然会提前告知对方。

迟到是一个很普遍的现象，比如活动日程里的八点出发，往往要八点半才能成行；比如约好了六点的饭局，往往要到七点大家才能聚齐。

然而，对于集体活动来说，你所谓的堵车、忘了时间等理由，都不应当成为让别人等你的借口。你可以有一千种理由迟到，你更有一万种理由不迟到。

为了生活、为了理想，每一个人都很忙。约朋友一起吃饭是一件很放松的事情，并不代表他们有义务等你；工作中会有各类突发状况，并不代表别人有义务替你圆场；这次过失没产生不良后果，并不代表你不应该被批评。

所以，但凡约定好了，能早到就别迟到，任何一个人都没有义务等你，你也没有权力浪费别人的时间。不迟到，是对人最基本的尊重，更是交朋友最基本的教养。如果你习惯了让别人等你，总会有一天，当你匆匆忙忙地赶往约定地点时，会发现别人早已离开。

# 你不忙，只是不愿意分点时间给我

你会不会突然间特别想念一个人，想知道他忙不忙，累不累，开不开心……最终，你忍不住发了一条朋友圈消息，袒露了自己的心迹，大家看到后都给你点赞，唯独他没有；你忍不住给他发了一条充满爱意的微信语音，傻傻地等了半个小时，却没有得到他的回复；你忍不住拨通他的电话，预想好了开场白和有趣的话题，却被他的一句"怎么了？哦，晚点再跟你说吧，现在有点急事"硬生生打断。

橘子说，她最近就遇到了这种情况。她很想给男朋友发条微信、打个电话，可又怕打扰到他。男朋友正在竞争公司的项目经理一职，为了竞争成功，他一天到晚都在忙，不是在开会，就是在见客户，似乎连喘气的时间都没有。以前，两个人恨不得一天到晚都粘在一起，而现在，经常好几天都不联系。

爱情和面包，到底该选择哪个？

恋人之间，没有面包，只有爱情，迟早都得饿死；没有爱情，只有面包，很可能会被噎死。

对于我们来说，再美好的爱情，都得先填饱肚子。可是，事业的成功是无止境的，今天想当项目经理，明天就想当副总裁，后天又想当董事长，难道要把所有的精力和时间都献给事业吗？

对于一个女人来说，男人确实应该为事业而拼搏，但请记得，只要他是爱你的，哪怕再忙，都能抽出时间陪你吃顿晚饭，看场电影，聊几分钟心事。如果他忙到没空回复你的信息，没空接你的电话，请一定注意：他不是忙，他只是不愿意分一点时间给你罢了。

如果你还是选择相信他，在他背后默默支持他，并且愿意陪着他走向成功，我赞同你对爱情的执着和努力。不过你得明白，等他事业有成时，如果他怀里的女人是你，那是你的福气；如果他怀里的女人不是你，也不会有人同情你。

好哥们大梦对我说，与他相识七八年的一个女性朋友小琴突然向他示爱，可是他觉得，即便他与小琴关系很好，也绝不可能升级为男友朋友。

让大梦苦恼的是，小琴为了表达自己的真心，一天到晚给大梦发信息，大梦回复也不是，不回复也不是。

你遇到过这种事情吗？相识多年的好朋友突然就爱上你了，接受吧，你其实并不爱对方；不接受吧，又怕伤了对方的心。

好朋友之间的表白，是需要很大的勇气的。但是，人与人之间的关系，到底是爱情还是友情，靠的都是缘分，谁也强求不了。

我问大梦，他是怎么对待这件事的？

大梦说，碍于以前的交情，碍于不想因为不爱，最后连朋友都没得做，从小琴表白的那一刻起，他给小琴的每一个回应都经过仔细推敲，因为他不想被误解。最后，小琴发来的信息，他不再及时回复，小琴打来的电话，他不再及时接听。他以"忙"为借口，向小琴表达了自己的态度："哪怕我不忙，也不想把时间花在你身上，让你误以为还有机会。"

不知道你有没有喜欢过一个人，那个人曾经跟你无话不说，让你觉得你们是天生一对，是上天注定的缘分。当你觉得时机正好，鼓起勇气向他表白之后，他对你说的话渐渐变少了，你约他去看电影、去吃饭，他经常以"我在加班，我在赶材料，我在出差"为由拒绝。

你觉得哪怕他再忙，也总会有不忙的时候，会主动联系你。可事实是，上一秒还说在加班的他，也许下一秒就和你在街上偶遇。

他其实很闲，只是对你很忙。

无论是爱情还是友情，当我们遇到一个不爱的人或不想深交的人时，总会以"忙"为借口拒绝交往。

如果有一天，你在乎的那个人一直跟你说他很忙，你一定要明白，他不是真的忙，只是不愿意分一点时间给你罢了。